无穷维耦合系统的指数稳定性分析方法

赵东霞　汪　俊　著

世界图书出版公司

广州·上海·西安·北京

图书在版编目（CIP）数据

无穷维耦合系统的指数稳定性分析方法 / 赵东霞，
汪俊著 . -- 广州 : 世界图书出版广东有限公司 , 2015.3
　ISBN 978-7-5100-9528-3

　Ⅰ . ①无… Ⅱ . ①赵… ②汪… Ⅲ . ①数学理论
Ⅳ . ① O1-0

中国版本图书馆 CIP 数据核字 (2015) 第 057927 号

无穷维耦合系统的指数稳定性分析方法

策划编辑：李　　平

责任编辑：廖才高　　王梦洁

封面设计：彭　　琳

出版发行：世界图书出版广东有限公司

地　　址：广州市新港西路大江冲 25 号

电　　话：020-84459702

印　　刷：虎彩印艺股份有限公司

规　　格：787mm×1092mm　1/16

印　　张：13

字　　数：100 千字

版　　次：2015 年 4 月第 1 版　2016 年 1 月第 3 次印刷

ISBN　978-7-5100-9528-3/O・0044

定　　价：38.00 元

引　言

　　无穷维耦合系统的镇定与控制问题是控制理论中的一个重要分支, 该方向的一些研究成果已成功应用于机器人、直升飞机与电力系统控制等实际控制工程中. 当前工程控制及航空航天领域的飞速发展也对无穷维耦合系统的基础研究提出了许多新的挑战和理论难题, 迫切要求控制学科领域的工作者建立有价值的科学理论和方法. 本书主要介绍如何利用算子半群理论、谱分析以及 Riesz 基方法建立无穷维耦合系统指数稳定性和参数条件分析. 根据研究内容和研究思路, 本书除绪论和结论章外分为两部分: 第一部分包括第二章至第六章, 研究一类 PDE–ODE 无穷维耦合系统的边界反馈控制与镇定问题; 第二部分是第七章, 研究基于线性化圣维南方程组的 PDE–PDE 无穷维耦合系统的 Riesz 基性质及边界反馈控制问题. 各章基本结构和内容概括如下:

　　第一章介绍无穷维耦合系统控制问题的研究背景和国内外研究现状, 本书的结构和主要结果, 以及书中用到的基本概念和定理等预备知识.

　　第二章研究单摆系统在 PDP (位置反馈和时滞位置反馈) 控制器下的镇定问题:

$$
\begin{cases}
\ddot{y}(t) \pm \dfrac{g}{l} y(t) = u(t), \\
u(t) = \hat{a} y(t) + \hat{b} y(t - \tau).
\end{cases}
$$

由于时滞可以用一阶双曲偏微分方程来刻画, 因此, 上述时滞 ODE

系统可以转化为如下 PDE–ODE 无穷维耦合系统:

$$\begin{cases} \ddot{y}(t) + ky(t) = bv(0,t), \\ v_t(x,t) = v_x(x,t), \ x \in (0,1), \ t > 0, \\ v(1,t) = y(t), \end{cases}$$

其中, 一阶双曲偏微分方程可以看作是控制器, 受控 ODE 系统通过双曲 PDE 的边界输出与 PDE 系统耦合在一起. 首先, 将该耦合系统表示为 Hilbert 状态空间中的抽象发展方程的形式, 并利用算子半群理论证明系统的适定性; 其次, 采用渐近分析的技巧给出了系统算子的特征值的渐近表达式; 最后, 根据系统算子的谱界和由系统算子生成的半群的增长阶之间的关系, 以及泛函分析中的不等式放缩技巧, 验证系统的谱确定增长条件成立, 进而得出系统指数稳定当且仅当系统参数 k, b 满足不等式

$$0 < (-1)^n b < \min \left\{ k - n^2\pi^2, (n+1)^2\pi^2 - k \right\}.$$

第三章研究控制器本身带有时间延迟时倒立摆系统的指数镇定问题. 与第二章相比, 系统含有两个时滞:

$$\begin{cases} \ddot{y}(t) - \dfrac{g}{l}y(t) = u(t-\tau), \\ u(t) = \hat{a}y(t) + \hat{b}y(t-\tau). \end{cases}$$

本章证明了系统的适定性, 给出了系统算子特征值的渐近表达式, 验证了谱确定增长条件成立, 并进一步证明了系统指数稳定当且仅当系统参数 k, a, b 满足不等式

$$k > -1, \ -k < b < \left(\frac{\pi}{2}\right)^2 - k, \ -2b\cos\sqrt{b+k} < a < k - b.$$

第四章和第五章分别研究 HEAT−ODE 和 WAVE−ODE 无穷维耦合系统的镇定与控制问题, 以热方程和带有 K-V 阻尼的波动方程作为动态补偿控制器去镇定带有未知参数 k, b 的二阶 ODE 系统. 书中证明了存在一列广义特征函数构成 Hilbert 状态空间的一组 Riesz 基, 从而建立了系统的指数稳定性. 理论研究和数值模拟结果表明, 将热方程或带有 K-V 阻尼的波动方程作为 ODE 系统的补偿控制器能够加快系统的衰减速度, 并且对系统中的参数 k, b 不再有太多限制, 只要 $k > 0$, $b \neq 0$. 这大大放松了对系统参数的限制条件.

第六章研究具有小世界联接的时滞环形神经网络系统的动力学性能, 并探讨小世界联接权值 c 对系统稳定性的影响. 本章给出了系统算子的特征值的渐近表达式, 验证了谱确定增长条件成立, 并进一步证明了系统的指数稳定性. 另外, 根据 Schur-Cohn 准则, 我们讨论了小世界联接权值 c 的与时滞无关的稳定性区间. 计算结果表明: 当小世界联接权值 c 属于某个区间的时候, 无论时滞值取多大, 系统始终保持稳定. 当然, 时滞值越大, 系统状态的收敛速度越慢.

第七章采用 Riesz 基方法研究基于线性化 Saint-Venant 方程的两渠道串级系统的反馈控制和指数镇定问题. 首先采用谱分析方法给出系统算子的特征值和特征函数的渐近表达式, 然后证明存在一列广义特征函数构成 Hilbert 状态空间的一组 Riesz 基, 因此系统的谱确定增长条件成立.

第八章对已取得的研究工作进行了一个总结, 并就几个值得进一步探讨的课题进行了简要分析.

本书是在我的博士学位论文基础上修改完成的, 这里要特别感谢我的博士生导师——北京理工大学数学与统计学院王军民教授. 正是王老师的悉心指导才带领我走进无穷维系统控制这一极富魅力的研究领域, 他不厌其烦地教导我如何用科学的方法做科研, 如何选取有意义的研究课题, 并毫无保留地与我分享他丰富的生活和科研经验. 没有王老师的指导和鼓励, 这项工作是无法顺利完成的. 感谢中北大学理学院的领导, 他们对青年教师的支持和帮助使我受益匪浅. 感谢世界图书出版公司的编辑, 以及其他在此书出版过程中做了大量工作的同志们. 本书的出版还得到国家自然科学基金数学天元专项基金(11426207) 的资助.

由于笔者水平有限, 书中难免存有纰漏之处, 恳请读者提出宝贵意见.

著 者

2015 年 3 月

于中北大学

目　录

第一章 绪论

1.1 研究基础和研究意义

分布参数系统是指状态空间的维数为无穷的系统, 这些系统主要由偏微分方程、泛函微分方程、积分微分方程、积分方程以及 Banach 空间或 Hilbert 空间中的抽象微分方程 (组) 所描述. 分布参数系统的典型实例有: 电磁场、引力场、温度场等物理场, 弹性梁型的运动体, 大型加热炉, 化学反应器中的物质分布状态等. 分布参数系统广泛应用于热工、化工、导弹、航天、航空、核裂变、核聚变等工程系统, 以及生态系统、环境系统、社会系统等.

最简单的分布参数系统的例子是由时滞常微分方程

$$\dot{y}(t) = u(t - \tau)$$

所描述的系统, 其中, $\tau > 0$ 表示时滞, 其传递函数为 $e^{-\tau}$. 显然, 这不是一个有理分式. 那么, 研究这类系统的运动, 就不能在有穷维状态空间中进行. 此外, 在系统控制中, 系统是不是无穷维的, 要看研究的问题而决定. 例如, 对于一个有质量分布的弹性飞行器, 在研究它的扭转运动时, 必须考察其内部各点的运动, 从而把它当作分布参数系统. 但在研究它的运动轨线时, 就不必逐点考虑其内部运动, 而是把质量集中到质心来分析, 即把它当作集中参数系统.

分布参数系统控制问题的研究可以追溯到上个世纪五六十年代, 迄今为止已经产生了诸如稳定性, 可控可观性, 最优控制, 边

1

界控制, 自抗扰控制等热门研究课题, 取得了一系列极具影响力的研究成果, 参见文献 [10, 11, 18, 23, 28–30, 34, 46, 57, 58, 74–79, 82, 85, 91, 95, 119, 123, 125, 126, 136, 143–146]. 在自动控制理论中, 通常是设计一个控制器使得系统的性能按期望的方式变化. 由控制器做出的决定是非常重要的, 在某些情况下, 控制器的决定可能会导致系统的灾难, 而在另外一些情况下, 控制器会极大地改善系统的性能. 稳定性研究是控制理论中的一个非常重要的基础研究课题, 国内外有许多专著相继出版, 例如文献 [15, 38, 50, 63, 106, 124, 128, 135], 初步形成了系统的理论体系.

随着航空及外太空技术的要求, 无穷维耦合系统的研究受到了广泛关注, 如航天器－运载火箭耦合系统 ([130]), 飞行器多通道耦合, 卫星姿态与轨迹耦合 ([141]), 以及航空发动机双转子－滚动轴承－机匣耦合系统 ([147]) 等等. 2010 年, 美国高超声速飞行器 HTV-Ⅱ 由于惯性耦合问题处理不好导致滚转过大而试飞失败 ([127]), 我国也有卫星定位精度不高的历史, 其原因就是卫星姿态与运动轨迹耦合导致控制效果不理想. 这充分说明国内外在耦合问题的研究上有待进一步深入和提高. 因此, 无穷维耦合系统的镇定与控制研究具有重大的现实指导意义. 本书利用算子半群理论、谱分析方法以及 Riesz 基理论研究一类无穷维耦合系统的镇定与控制问题. 下面首先就研究对象的历史背景、发展过程及研究现状作一简单回顾, 然后简要阐述研究内容和研究成果, 最后列出本书所用到的相关数学理论和数学方法等预备知识.

1.2　无穷维耦合系统的研究进展

无穷维耦合系统是由泛函微分方程组或偏微分方程组所描述

的. 现实中的很多系统都存在着复杂的耦合现象, 比如, 电力系统中的电磁耦合, 力学系统中的流固耦合以及汽车车身的声固耦合问题, 桥梁结构动力学中的车－桥耦合系统, 重载汽车－路面－路基耦合动力系统, 明渠引排水系统等等. 近年来, 无穷维耦合系统的研究激起工程师及数学学者们的研究兴趣, 取得了一系列的研究成果. 其中, 有关 PDE-ODE 无穷维耦合系统的代表文献有 [41, 45, 46, 72, 89, 113, 114, 117, 121, 134], 有关 PDE-PDE 无穷维耦合系统的代表文献有 [10, 40, 93, 94, 107–110, 118].

1.2.1　时滞系统的研究进展

在实际的工程系统中, 时滞是非常普遍的现象. 尽管在许多实际应用中, 时滞量很小, 但常常会影响到整个受控系统的稳定性和控制性能. 因此, 时滞效应在许多实际问题中是必须考虑的重要因素. 在众多考虑时滞效应的研究工作中, 控制系统的稳定性是一个基础性的研究问题, 受到广大专家学者的广泛关注. 二十世纪八九十年代左右, 已经产生一些突出的研究成果, 参见文献 [1, 16, 17, 32, 48, 64, 90]. 近十年来, 时滞系统的控制问题得到了进一步的发展, 涌现出大量有实际指导意义的理论研究成果, 参见文献 [12, 20, 37, 40, 67, 68, 73, 81, 120, 132, 139].

在过去几十年里, 时滞系统稳定性的分析方法大致可以分为频域法和时域法. 频域法的主要思想是通过分析特征方程根的分布来判别系统的稳定性. 由于时滞系统的特征方程为超越方程, 求其精确解会比较困难. 但是, 我们只需要研究特征根是否均为负实部. 具体来讲, 如果一个非线性时滞微分方程在平衡点 (不妨设其为方程的零解) 处的线性化时滞微分方程没有零实部的特征根, 则非线性时滞微分方程零解的局部稳定性与其线性化方程零解的局部稳定性是一致的. 特别的, 如果线性化时滞微分方程的所有特征根都具有负实部, 则该方程的零解是渐近稳定, 从而原方程的零解也是渐近稳定的, 参见文献 [137]. 时域法主要有 Lyapunov-Krasovskii 泛函方法和 Lyapunov-Razumikhin 函数方法, 其主要思想是构造一个正定的 Lyapunov-Krasovskii 泛函或 Lyapunov 函数, 通过判断其导数的符号以获得系统稳定的充分条件, 它们分别是由 Krasovskii 和 Razumikhin 创立于二十世纪五十年代末, 现已成为研究时滞系统稳定性和控制器设计的主要方法.

在自动控制中, 时滞可能是由控制器造成, 也可能是人为因素造成. 时滞的出现一方面可能使得系统的状态变得不稳定, 但合适的时滞值也有可能改善系统的性能, 参见文献 [21, 36, 47, 93, 96, 111, 112, 115, 116, 129].

众所周知, 简单的位置反馈不能够获得受控系统的满意结果. 因此, 1979年, I.H. Suh 和 Z. Bien 在文献 [86] 中首次引入 PDP (位置反馈和时滞位置反馈) 控制器, 也就是用瞬时位置和时滞位置的线性组合来设计控制器:

$$u(t) = \hat{a}y(t) + \hat{b}y(t - \tau),$$

其中, $\tau > 0$ 表示时滞, 并于 1980 年证明了该控制方法明显优于传统的 PD (位移反馈和速度反馈) 控制器 [87]. 文献 [86, 87] 的研究主要基于近似计算和数值模拟. 因此, 基于 PDP 控制器的理论分析显得尤为重要.

1999 年, F.M. Atay 在文 [2] 中, 将 PDP 控制器用于镇定二阶

单摆系统, 从而得到如下系统:

$$\begin{cases} \ddot{y}(t) \pm \dfrac{g}{l}y(t) = u(t), \\ u(t) = \hat{a}y(t) + \hat{b}y(t-\tau). \end{cases} \tag{1.2.1}$$

作者基于系统方程的特征根分析方法, 得到结论:

对任意时滞 τ, 系统 (1.2.1) 渐近稳定当且仅当系统参数满足不等式

$$0 < (-1)^n b < \min \left\{ k - n^2\pi^2, (n+1)^2\pi^2 - k \right\}, \tag{1.2.2}$$

其中, n 为非负整数, $k = -a \pm \tau^2 g/l$, $a = \tau^2\hat{a}$, $b = \tau^2\hat{b}$.

2008 年, 刘波和胡海岩院士在文献 [62] 中将 PDP 控制器用于镇定包含多个自由度的线性无阻尼系统, 并利用模态解耦将系统的特征值移到左半开复平面, 从而达到系统的稳定性.

对含有参数的时滞动力系统, 随着参数变化, 系统平衡点的稳定性可能会由稳定变为不稳定, 或者由不稳定变为稳定, 这种现象称为稳定性切换. 2000 年, 王在华教授和胡海岩院士在文献 [97] 中研究具有时滞和未知参数的高维动力系统, 并分析了当时滞值从 0 开始不断增大时, 系统稳定性的切换. 2004 年, 胡海岩院士在文献 [35] 中研究如何镇定一个线性无阻尼系统的周期振荡, 通过采用时滞位置反馈或时滞速度反馈或者二者相结合的方法, 得到了系统稳定性的充分条件. 在此基础上, 王在华教授和胡海岩院士在文献 [98] 中研究了含有多个自由度的线性无阻尼系统的镇定问题.

在神经网络系统中, 神经元之间的信息传递是有时滞存在的. 近年来, 人们对时滞神经网络的稳定性研究取得了丰硕的成果, 参见文献 [6, 12, 39, 65, 102, 131, 131].

1993 年, Jacques Bélair 在文献 [6] 中研究了时滞 Hopfield 神经网络

$$\dot{x}_i(t) = -x_i(t) + \sum_{j=1}^{n} a_{ij} f\big(x_j(t-\tau)\big),\ i = 1, 2, \cdots, n$$

的渐近稳定性和全局稳定性, 给出 "系统渐近稳定" 与 "系统参数以及时滞 τ 所满足的条件" 之间的充要条件关系, 并进一步讨论了由时滞引起的不稳定性和时滞对系统的动力学性能所产生的影响.

2008 年, 徐旭在文献 [102] 中研究了时滞环形神经网络系统

$$\dot{x}_i(t) = -kx_i(t) + \sum_{j=i-1}^{i+1} b_{ij} f\big(x_j(t-\tau_{i,j})\big),\ i = 1, 2, \cdots, n$$

的动力学性能. 根据 Lyapunov 函数方法, 得到了系统平衡点的渐近稳定性、与时滞无关的全局稳定性准则、以及与时滞有关的全局稳定性准则. 结论表明, 当 "与时滞无关的稳定性准则" 不成立时, 总是可以选取合适的时滞使得系统全局渐近稳定.

小世界网络是介于规则网络与随机网络之间的一种网络形式, 通常在规则网络中引入随机不相邻节点之间的长联接获得. 研究结果表明, 在时滞神经网络系统中引入小世界联接能给系统带来复杂的动力学影响 [51, 55, 65, 99, 103, 105].

2003 年, 李春光与陈关荣在文献 [54] 中证明, 具有小世界联接的神经网络比规则网络容易达到稳定.

2009 年, 徐旭和王在华在文献 [104] 中表明, 小世界联接可以看成是控制系统动力性能的一个简单有效的 "开关". 该文章研究了小世界联接对系统平衡点的全局稳定性, 局部稳定性, 以及从平衡点分叉出来的周期解的稳定性的影响. 理论研究结果表明, 小世

界联接缩短了关于时滞 τ 的全局稳定性区间, 并对局部稳定性和 Hopf 分叉产生显著的影响. 数值模拟结果表明, 对不同的神经网络模型, 倍周期分叉和准周期分叉都可以引起混沌. 进一步, 还看到了一些有趣的现象, 比如, 相互分离的周期解的共存性, 相互分离的准周期解的共存性, 以及两个混沌吸引子的共存性.

1.2.2 时滞系统的研究现状

2006 年, 许跟起教授在文献 [101] 中, 首次将时滞用一阶双曲方程来刻画, 这个处理方式完全不同于之前的对时滞系统的研究 [15], 充分体现了时滞系统的无穷维特性. 之后, 文献 [25, 26, 93] 也陆续使用这一处理时滞的方法来研究具有边界输入时滞的 Schröinger 方程或波动方程.

2010 年, M. Gugat 利用特征线方法得到: 边界观察中特定的时滞值 ($\tau = 2$) 可用于镇定弦的振荡 [21]. 2011 年, 王军民教授将该系统改写为波动方程和一阶双曲方程耦合的无穷维系统, 并证明对任意的时滞值, 该系统是一个 Riesz 谱系统, 且谱确定增长条件成立. 进而, 当时滞值等于波传播时间的偶数倍时, 作者给出了 "系统指数稳定" 与 "反馈增益和时滞的取值范围" 之间的充要条件关系.

值得指出的是, 对这一处理时滞的方法系统化的推广是美国加州大学圣地亚哥分校的 Miroslav Krstic 教授和他的研究团队, 代表文献有 [40–46, 88, 89, 121]. 文献 [45] 研究具有输入时滞的有穷维系统:

$$\dot{X} = AX + BU(t - D), \tag{1.2.3}$$

其中, $X \in \mathbb{R}^n$, (A, B) 可控, 输入信号 $U(t)$ 延迟了 D 个单位时长.

由于时滞可以由一阶双曲偏微分方程

$$\begin{cases} u_t(x,t) = u_x(x,t), \\ u(D,t) = U(t) \end{cases}$$

来描述, 其解为 $u(x,t) = U(t+x-D)$, 故有 $u(0,t) = U(t-D)$. 也就是说, 双曲 PDE 系统的输出 $u(0,t)$ 相当于 ODE 系统的时滞输入 $U(t-D)$. 从而, 系统 (1.2.3) 可改写为如下 PDE–ODE 级联系统 (如图 1.1):

$$\begin{cases} \dot{X} = AX + Bu(0,t), \\ u_t(x,t) = u_x(x,t), \\ u(D,t) = U(t). \end{cases} \tag{1.2.4}$$

作者利用 Backstepping 方法给出了控制输入信号 $U(t)$ 的表达式

$$U(t) = K \left[e^{AD}X + \int_{t-D}^{t} e^{A(t-\theta)} Bu(\theta)d\theta \right],$$

并结合 Lyapunov 函数方法, 最终证明了系统 (1.2.4) 的指数稳定性.

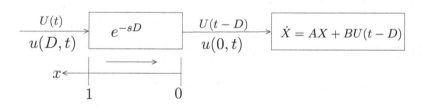

图 1.1　时滞系统 $\dot{X} = AX + BU(t-D)$

在系统 (1.2.4) 中, 时滞项消失了, 时滞系统转化成了 PDE–ODE 无穷维耦合系统. 这一研究成果开创了许多新的研究课题, 比如, 将具有边界输入时滞的 PDE 系统看成是一个 PDE–PDE 级联系统, 参见文献 [43]. 再如, 将热方程 (或者波动方程) 代替一阶双曲方程去补偿不稳定的 ODE 系统, 从而得到一个 Heat−ODE (或者 Wave−ODE) 级联系统, 结合 Backstepping 方法和 Lyapunov 函数方法证明系统的指数稳定性, 代表文献有 [41, 42].

本书第一部分将对以下问题展开研究:

1. 将 PDP 控制器下的二阶单摆系统 (1.2.1) 改写为一个 PDE−ODE 无穷维耦合系统, 运用算子半群理论和谱分析方法研究该系统的指数镇定与控制问题. 进而研究当 PDP 控制器本身带有时间延迟时倒立摆系统的镇定与控制问题.

2. 考虑用热方程以及波动方程作为二阶 ODE 系统的动态补偿控制器, 利用 Riesz 基理论对 Heat−ODE 以及 Wave−ODE 无穷维耦合系统的指数稳定性展开研究.

3. 对于具有小世界联接的时滞环形神经网络系统, 我们将模型改写为 PDE−ODE 无穷维耦合系统, 在新的框架下研究其动力学性能.

1.2.3 串级渠道系统的控制策略及稳定性分析

在渠道控制问题中, 主要是通过设计有效的控制策略来稳定渠道的蓄水水位, 这对于提高渠道系统的自动化水平, 满足农业灌溉、跨流域调水以及河道航运有着重大的现实意义. 1871 年, 法国科学家 Saint Venant 建立了 Saint-Venant 方程, 用于刻画渠道水流状态的变化过程或过渡过程 (即非恒定流问题), 这为渠道系统的稳定性研究奠定了理论基础.

近年来, 基于 Saint-Venant 方程的渠道系统的边界反馈控制成为研究的热点, 吸引了水力学领域、控制领域和数学领域的研究学者的广泛关注, 参见文献 [9, 59–61, 122]. 由于 Saint-Venant 方程是一组非线性的双曲型偏微分方程组, 无法得出解析解, 故而对其进行求解和控制是很困难的. 为此, 人们提出将其线性化之后进行研究, 从而取得了稳定性分析方面的一系列研究成果, 参见文献 [3–5, 33, 53].

假设所考虑的河道为柱形河道, 取 x 轴沿着流动方向, 那么长度为 L 的单渠道水流动力系统可由 Saint-Venant 方程

$$\partial_t \begin{pmatrix} H \\ V \end{pmatrix} + \partial_x \begin{pmatrix} HV \\ \frac{1}{2}V^2 + gH \end{pmatrix} + \begin{pmatrix} 0 \\ g\left[S_f(H,V) - S_b\right] \end{pmatrix} = 0,$$

来描述, 其中, $t \in [0, +\infty)$, $x \in [0, L]$, $H(t,x)$ 和 $V(t,x)$ 分别表示时刻 t 和位置 x 处的水深和水流速度, S_b 表示渠道底部斜坡, g 为重力加速度, $S_f(H,V)$ 为摩擦斜坡, 通常取 $S_f(H,V) = CV^2/H$, 其中, C 为常数, 代表摩擦系数.

在文献 [3] 中, G. Bastin 和 J.M. Coron 等人在参考水位 H^* 和参考流速 V^* 的附近将 Saint-Venant 方程线性化, 得:

$$\begin{cases} \partial_t h + V^* \partial_x h + H^* \partial_x v = 0, \\ \partial_t v + g\partial_x h + V^* \partial_x v - \left(\dfrac{g}{H^*}S_b\right) h + \left(\dfrac{2g}{V^*}S_b\right) v = 0, \end{cases}$$

其中, $h(t,x) = H(t,x) - H^*$, $v(t,x) = V(t,x) - V^*$. 如果记

$$\begin{cases} \xi_1(t,x) = v(t,x) + h(t,x)\sqrt{\dfrac{g}{H^*}}, \\ \xi_2(t,x) = v(t,x) - h(t,x)\sqrt{\dfrac{g}{H^*}}, \end{cases}$$

即:

$$
\begin{cases}
h(t,x) = \dfrac{\xi_1(t,x) - \xi_2(t,x)}{2}\sqrt{\dfrac{g}{H^*}}, \\[3mm]
v(t,x) = \dfrac{\xi_1(t,x) + \xi_2(t,x)}{2},
\end{cases}
$$

那么线性化 Saint-Venant 方程的特征形式为:

$$
\begin{cases}
\partial_t \xi_1(t,x) + \lambda_1 \partial_x \xi_1(t,x) + \gamma \xi_1(t,x) + \delta \xi_2(t,x) = 0, \\[2mm]
\partial_t \xi_2(t,x) - \lambda_2 \partial_x \xi_2(t,x) + \gamma \xi_1(t,x) + \delta \xi_2(t,x) = 0,
\end{cases}
\tag{1.2.5}
$$

其中, 特征速度 λ_1, λ_2 以及参数 γ, δ 分别为:

$$
\lambda_1 = V^* + \sqrt{gH^*}, \quad -\lambda_2 = V^* + \sqrt{gH^*},
$$

$$
\gamma = gS_b\left(\frac{1}{V^*} - \frac{1}{2\sqrt{gH^*}}\right), \quad \delta = gS_b\left(\frac{1}{V^*} + \frac{1}{2\sqrt{gH^*}}\right).
$$

作者采用严格 Lyapunov 函数方法 (即构造导数负定的 Lyapunov 函数), 证明了系统 (1.2.5) 在次临界流动条件

$$
gH^* - (V^*)^2 > 0
$$

以及线性边界反馈条件

$$
\begin{pmatrix} \xi_1(t,0) \\ \xi_2(t,L) \end{pmatrix} = \begin{pmatrix} k_{11} & k_{12} \\ k_{21} & k_{22} \end{pmatrix} \begin{pmatrix} \xi_1(t,L) \\ \xi_2(t,0) \end{pmatrix}
$$

且

$$
\left\| \begin{pmatrix} k_{11} & k_{12}\sqrt{\dfrac{\lambda_1\gamma}{\lambda_2\delta}} \\[4mm] k_{21}\sqrt{\dfrac{\lambda_2\delta}{\lambda_1\gamma}} & k_{22} \end{pmatrix} \right\| < 1
$$

下的指数稳定性. 进一步, 作者将问题推广到 n 段渠道串级的系统, 采用类似的方法和边界反馈控制率证明了当控制调控参数满足耗散性条件时系统的指数稳定性.

基于线性化 Saint-Venant 的方程的两段渠道串级的水流动力系统在边界反馈控制律下可以看作是一个 PDE–PDE 无穷维耦合系统. 本书第七章将在已有文献的基础上, 利用算子半群理论, Riesz 基性质和谱分析方法证明该系统在合适的 Hilbert 状态空间下形成一个 Riesz 谱系统, 从而谱确定增长条件成立.

1.3　研究内容和结果

本书主要介绍运用算子半群理论, 谱分析方法和 Riesz 基方法研究一类无穷维耦合系统的反馈控制与指数镇定问题, 获得的结果具有一定的创新性, 丰富了该领域的理论研究. 内容由三部分组成: 第一部分, 即第一章, 介绍无穷维耦合系统控制问题的研究背景和国内外研究现状; 第二部分包括第二章至第六章, 研究一类 PDE–ODE 无穷维耦合系统的边界反馈控制与镇定问题; 第三部分, 即第七章, 研究基于线性化 Saint-Venant 方程的 PDE–PDE 无穷维耦合系统的 Riesz 基性质及边界反馈控制问题. 具体地, 本书主要内容如下:

第一章介绍无穷维耦合系统控制问题的研究背景和国内外研究现状, 并简单介绍本书的结构、主要结果以及书中用到的基本概念和定理等预备知识.

第二章采用 PDP (位置反馈和时滞位置反馈) 控制器

$$u(t) = \hat{a}y(t) + \hat{b}y(t-\tau)$$

研究单摆系统

$$\ddot{y}(t) \pm \frac{g}{l}y(t) = u(t)$$

的反馈控制问题. 由于时滞可以用一阶双曲方程来刻画, 因此, 上述时滞 ODE 系统可以转化为如下 PDE–ODE 无穷维耦合系统:

$$\begin{cases} \ddot{y}(t) + ky(t) = bv(0,t), \\ v_t(x,t) = v_x(x,t), \ x \in (0,1), \ t > 0, \\ v(1,t) = y(t), \end{cases}$$

其中, 一阶双曲偏微分方程可以看作是控制器, 受控 ODE 系统通过双曲 PDE 系统的边界输出与 PDE 系统耦合在一起. 首先, 将该耦合系统表示为 Hilbert 状态空间中的抽象发展方程的形式, 并利用算子半群理论证明系统的适定性; 其次, 采用渐近分析的技巧给出了系统算子的特征值的渐近表达式; 最后, 根据系统算子的谱界和由系统算子生成的半群的增长阶之间的关系, 以及泛函分析中的不等式放缩技巧, 验证系统的谱确定增长条件成立, 进而得出系统指数稳定当且仅当系统参数 k, b 满足不等式

$$0 < (-1)^n b < \min\left\{k - n^2\pi^2, (n+1)^2\pi^2 - k\right\}.$$

这一结果已经发表在《International Journal of Control》84 (2011), 904-915.

第三章研究控制器本身带有时间延迟的倒立摆系统的指数镇定问题

$$\begin{cases} \ddot{y}(t) - \frac{g}{l}y(t) = u(t - \tau), \\ u(t) = \hat{a}y(t) + \hat{b}y(t - \tau). \end{cases}$$

也就是说, 系统变成了具有两个时滞的动力系统:

$$\ddot{y}(t) - \frac{g}{l}y(t) = \hat{a}y(t-\tau) + \hat{b}y(t-2\tau).$$

该系统可改写为如下 PDE−ODE 无穷维耦合系统:

$$\begin{cases} \ddot{y}(t) + ky(t) = av(1,t) + bv(0,t), \ k < 0, \\ v_t(x,t) = v_x(x,t), \ x \in (0,2), \ t > 0, \\ v(2,t) = y(t). \end{cases}$$

本章证明了系统的适定性, 给出了系统算子的特征值的渐近表达式, 验证了谱确定增长条件成立, 并进一步证明了系统指数稳定当且仅当参数 k, a, b 满足不等式

$$k > -1, \ -k < b < \left(\frac{\pi}{2}\right)^2 - k, \ -2b\cos\sqrt{b+k} < a < k-b.$$

这一结果已经发表在《Journal of Dynamical and Control Systems》18 (2012), 269-295.

第四章和第五章分别研究 Heat−ODE 无穷维耦合系统和 Wave−ODE 无穷维耦合系统

$$\begin{cases} \ddot{y}(t) + ky(t) = bv(0,t), \\ v_t(x,t) = v_{xx}(x,t), \ x \in (0,1), \ t \geq 0, \\ v_x(0,t) = b\dot{y}(t), \\ v(1,t) = 0 \end{cases}$$

$$
\begin{cases}
\ddot{y}(t) + ky(t) = bv_t(1,t), \\
v_{tt} = v_{xx} + dv_{xxt}, \ d > 0, \ x \in (0,1), \ t \geq 0, \\
v(0,t) = 0, \\
v_x(1,t) + dv_{tx}(1,t) = -b\dot{y}(t)
\end{cases}
$$

的镇定与控制. 与第二章模型所不同的是, 将之前的时滞控制器
替换为热方程或带有 K-V 阻尼的波方程控制器. 也就是说, 以热
方程或带有 K-V 阻尼的波方程作为补偿控制器去镇定二阶 ODE
系统. 根据系统算子的 Riesz 基性质, 我们证明了系统的指数稳
定性. 理论研究和数值模拟结果表明, 将热方程或带有 K-V 阻
尼的波方程作为动态补偿控制器能够加快系统的衰减速度, 并
且对系统中的参数 k,b 不再有太多限制, 只要 $k > 0$, $b \neq 0$. 这
大大放松了对系统参数的限制条件. 该研究结果分别发表在 SCI
期刊《Journal of Vibration and Control》20(2014): 2443-2449 和
《Journal of Systems Science and Complexity》27(2014): 463-475.

第六章利用算子半群理论和谱分析方法研究具有小世界联接
的时滞环形神经网络系统的动力学性能, 并探讨小世界联接权值 c
对系统稳定性的影响. 本章给出了系统算子的特征值的渐近表达
式, 验证了谱确定增长条件成立, 并进一步证明了系统的指数稳
性. 另外, 根据 Schur-Cohn 准则, 我们讨论了小世界联接权值 c 的
与时滞无关的稳定性区间. 计算结果表明: 当小世界联接权值 c
属于某个区间的时候, 无论时滞值取多大, 系统始终保持稳定. 当
然, 时滞值越大, 系统状态的收敛速度越慢. 这一结果已经发表在
《Nonlinear Dynamics》68 (2012), 77-93.

第七章采用 Riesz 基方法研究基于线性化 Saint-Venant 方程的两渠道串级系统的反馈控制和指数镇定问题. 首先采用谱分析方法给出系统算子的特征值和特征函数的渐近表达式, 然后证明存在一列广义特征函数构成 Hilbert 状态空间的一组 Riesz 基, 因此系统的谱确定增长条件成立. 进一步证明: 当控制调控参数满足耗散性条件时, 系统是指数稳定的. 这一结果已被第九届亚洲控制会议论文集收录.

1.4 基本概念和理论基础

在这一部分, 我们将给出本书用到的相关数学理论, 主要内容取自文献 [15, 63, 70, 100, 125, 133, 142]. 对于这些结果, 我们只是给出结论, 具体证明可参见相关文献.

1.4.1 线性算子的谱理论

线性算子的谱理论是近代数学中最为基本的运算手段, 它从结构上剖析了算子作用的本质特征, 其处理方式体现了数学结构在分析, 代数, 以及几何上的和谐与统一. 比如, 在有限维空间 X 上, 特征值刻画了线性矩阵的基本性质, 空间 X 按这些特征值可以分解为若干个关于这个矩阵的不变子空间. 但是, 在无穷维空间中, 情况要复杂得多. 下面首先给出无穷维空间中谱集的分类.

定义 1.4.1 设 $\mathcal{H}$ 是复的 Hilbert 空间, $\mathcal{A}: \mathcal{H} \to \mathcal{H}$ 是线性算子, $\lambda \in \mathbb{C}$, 那么, $\mathcal{A}$ 的谱集的分类如下:

(i) λ 称为 $\mathcal{A}$ 的点谱, 如果 $\lambda - \mathcal{A}$ 不是一一的. 点谱的全体记为 $\sigma_p(\mathcal{A})$;

(ii) λ 称为 $\mathcal{A}$ 的连续谱, 如果 $\lambda - \mathcal{A}$ 是一一的, 且 $\lambda - \mathcal{A}$ 的值域在 $\mathcal{H}$ 中稠密, 但是它的逆算子不连续. 连续谱的全体记为 $\sigma_c(\mathcal{A})$;

(iii) λ 称为 $\mathcal{A}$ 的剩余谱, 如果 $\lambda - \mathcal{A}$ 是一一的, 且 $\lambda - \mathcal{A}$ 的值域在 $\mathcal{H}$ 中不稠密. 剩余谱的全体记为 $\sigma_r(\mathcal{A})$.

注 1.4.1 显然, $\sigma_p(\mathcal{A})$, $\sigma_c(\mathcal{A})$, $\sigma_r(\mathcal{A})$ 是互不相交的集合, 并且

$$\sigma(\mathcal{A}) = \sigma_p(\mathcal{A}) \cup \sigma_c(\mathcal{A}) \cup \sigma_r(\mathcal{A}).$$

定义 1.4.2 设 $\mathcal{H}$ 是 Hilbert 空间, $D(\mathcal{A})$ 在 $\mathcal{H}$ 中稠密,

$$\mathcal{A}: D(\mathcal{A}) \to \mathcal{H}$$

是从 $D(\mathcal{A})$ 到 $\mathcal{H}$ 的线性算子, $\mathcal{A}$ 的共轭算子 $\mathcal{A}^*$ 定义为从 $D(\mathcal{A}^*)$ 到 $\mathcal{H}$ 的映射

$$\mathcal{A}: D(\mathcal{A}^*) \to \mathcal{H},$$

其中,

$$D(\mathcal{A}^*) = \left\{ y \in \mathcal{H} \mid \exists\, y^* \in \mathcal{H},\ 使得对于 \forall x \in \mathcal{H},\ (\mathcal{A}x, y) = (x, y^*) \right\},$$

且

$$\mathcal{A}^* y = y^*.$$

定理 1.4.1 设 $\mathcal{H}$ 是 Hilbert 空间, $\mathcal{L}(\mathcal{H})$ 表示 $\mathcal{H}$ 上全体有界线性算子所构成的集合, $\mathcal{A} \in \mathcal{L}(\mathcal{H})$, 那么,

$$\sigma(\mathcal{A}^*) = \left\{ \bar{\lambda} \mid \lambda \in \sigma(\mathcal{A}) \right\}.$$

1.4.2 C_0 半群

算子半群理论在分析系统的解的适定性和稳定性方面有着非常重要的作用. 本节介绍有关 C_0 半群的一些定义和性质, 并给出生成半群的常用的定理, 如 Hille-Yosida 定理, Lumer-Phillips 定理. 最后我们给出与 C_0 半群的指数稳定性相关的知识.

一. C_0 半群的定义及性质

定义 1.4.3 设 X 是 Banach 空间, $T(t)$ $(0 \leq t < \infty)$ 是 X 上的有界线性算子半群. 如果

$$\lim_{t \to 0^+} T(t)x = x, \, \forall x \in X,$$

则称 $T(t)$ $(0 \leq t < \infty)$ 为 X 上的有界线性算子强连续半群, 简称为 C_0 半群.

C_0 半群 $T(t)$ 有如下性质:

定理 1.4.2 设 X 是 Banach 空间, $T(t)$ $(0 \leq t < \infty)$ 是 X 上的 C_0 半群, 则存在常数 $\omega \geq 0$ 和 $M \geq 1$, 使得

$$\|T(t)\| \leq M e^{\omega t},$$

对于任意的 $0 \leq t < \infty$ 成立.

定理 1.4.3 设 X 是 Banach 空间, $T(t)$ $(0 \leq t < \infty)$ 是 X 上的 C_0 半群, $\mathcal{A}$ 是 $T(t)$ 的无穷小生成元, 则对任意的 $x \in D(\mathcal{A})$, 有

$$T(t)x \in D(\mathcal{A}),$$

且

$$\frac{d}{dt}T(t)x = \mathcal{A}T(t)x = T(t)\mathcal{A}x.$$

定义 1.4.4 设 X 是 Banach 空间, X^* 为其对偶 (共轭) 空间, 以 $\langle x^*, x \rangle$ 或 $\langle x, x^* \rangle$ 表示 x^* 在 x 点处的值. 对于任意的 $x \in X$, 定义对偶集 $F(x) \subseteq X^*$ 为:

$$F(x) = \{x^* | x^* \in X^*, \langle x, x^* \rangle = \|x\|^2 = \|x^*\|^2\}.$$

注 1.4.2 由 Hahn-Banach 定理 ([142]) 知, $\forall x \in X$, $F(x) \neq \emptyset$.

下面给出耗散算子的定义.

定义 1.4.5 设 X 是 Banach 空间, 算子 $\mathcal{A}: D(\mathcal{A}) \subset X \to X$ 称为是耗散的, 如果对于每一个 $x \in D(\mathcal{A})$, 存在 $x^* \in F(x)$, 使得

$$\mathrm{Re}\langle \mathcal{A}x, x^* \rangle \leq 0.$$

注 1.4.3 值得注意的是, 当 X 是 Hilbert 空间时, 在同构的意义下, 有 $F(x) = \{x\}$. 所以此时可以用不等式

$$\mathrm{Re}\langle \mathcal{A}x, x \rangle \leq 0$$

代替上述定义中相应的不等式, 这时, $\langle \cdot, \cdot \rangle$ 代表 Hilbert 空间 X 中的内积.

定理 1.4.4 (Lumer-Phillips 定理) 设 X 是 Banach 空间, $\mathcal{A}$ 是 X 中的稠定的线性算子, 其定义域为 $D(\mathcal{A})$.

(i) 若 $\mathcal{A}$ 是耗散算子, 且存在 $\lambda_0 > 0$, 使得 $\lambda_0 - \mathcal{A}$ 的值域 $R(\lambda_0 - \mathcal{A}) = X$, 则 $\mathcal{A}$ 是 X 上某个 C_0 压缩半群的无穷小生成元.

(ii) 若 $\mathcal{A}$ 是 X 上某个 C_0 压缩半群的无穷小生成元, 则对于任意的 $\lambda > 0$, 有 $R(\lambda - \mathcal{A}) = X$, 且 $\mathcal{A}$ 是耗散算子. 进一步地, 对每一个 $x \in D(\mathcal{A})$ 和 $x^* \in F(x)$, 有 $\text{Re}\langle \mathcal{A}x, x^* \rangle \leq 0$.

下面的推论是 Lumer-Phillips 定理的一个直接结果, 在各种文献中经常用到.

推论 1.4.1 设 X 是 Banach 空间, $\mathcal{A}$ 在 X 中生成 C_0 压缩半群当且仅当

(i) $\mathcal{A}$ 是闭稠定的;

(ii) $\mathcal{A}$ 与 $\mathcal{A}^*$ 都是耗散的.

定理 1.4.5 设 X 是 Banach 空间, $\mathcal{A}$ 是 X 上 C_0 半群 $T(t)$ 的无穷小生成元并且满足 $\|T(t)\| \leq Me^{\omega t}$. 若 B 是 X 上的线性有界算子, 则 $A + B$ 可以生成 X 上的一个 C_0 半群 $S(t)$, 且 $\|S(t)\| \leq Me^{(\omega + M\|B\|)t}$.

二. C_0 半群的稳定性

定义 1.4.6 设 X 是 Banach 空间, $T(t)$ $(0 \leq t < \infty)$ 是 X 上的 C_0 半群.

(1) 若对任意的 $x \in X$, 都有

$$\lim_{t \to \infty} T(t)x = 0,$$

则称 $T(t)$ 是强稳定的, 或者称为是渐近稳定的;

(2) 如果存在常数 $\omega > 0$ 及 $M_\omega > 0$, 使得

$$\|T(t)\| \leq M_\omega e^{-\omega t}, \ \forall\, t \geq 0,$$

则称 $T(t)$ 是指数稳定的, ω 称为 $T(t)$ 的指数衰减率.

定义 1.4.7 设 X 是 Banach 空间, $T(t)$ $(0 \leq t < \infty)$ 是 X 上的 C_0 半群, 算子 $\mathcal{A}$ 是 $T(t)$ 的无穷小生成元. 记

$$s(\mathcal{A}) = \begin{cases} \sup\left\{\mathrm{Re}\lambda \mid \lambda \in \sigma(\mathcal{A})\right\}, & \text{如果 } \sigma(\mathcal{A}) \neq \emptyset; \\ -\infty, & \text{如果 } \sigma(\mathcal{A}) = \emptyset, \end{cases}$$

$$\omega(\mathcal{A}) = \inf\left\{\omega \in \mathbb{R} \mid \exists\, M_\omega \geq 1, \text{ 使得 } \|T(t)\| \leq M_\omega e^{\omega t}\right\}.$$

$s(\mathcal{A})$ 和 $\omega(\mathcal{A})$ 通常分别叫做 $\mathcal{A}$ 的谱界和由 $\mathcal{A}$ 生成的半群 $T(t)$ 的增长阶. 如果

$$s(\mathcal{A}) = \omega(\mathcal{A}),$$

则称算子 $\mathcal{A}$ 满足谱确定增长条件.

1.4.3　Riesz 基的定义与性质

定义 1.4.8 设 $\mathcal{H}$ 是 Hilbert 空间, $\{e_n | n \geq 1\}$ 是 $\mathcal{H}$ 的规范直交基. $\mathcal{H}$ 中的序列 $\{\varphi_n | n \geq 1\}$ 叫做 $\mathcal{H}$ 的 Riesz 基, 是指存在 $\mathcal{H}$ 中的一有界可逆线性算子 T 使得 $\varphi_n = Te_n$, $\forall\, n \geq 1$.

定理 1.4.6 设 $\mathcal{A}$ 是 Hilbert 空间 $\mathcal{H}$ 中的稠定、离散线性算子, $\{\varphi_n | n \geq 1\}$ 是 $\mathcal{H}$ 的 Riesz 基. 如果存在非负整数 N_1 和 $\mathcal{A}$ 的一列广义本征元 $\{\psi_n | n > N_1\}$, 使得

$$\sum_{n=N_1+1}^{\infty} \|\varphi_n - \psi_n\|^2 < \infty,$$

那么 $\mathcal{A}$ 的广义本征元全体构成 $\mathcal{H}$ 的一个 Riesz 基.

注 1.4.4 如果 Hilbert 空间 $\mathcal{H}$ 上某 C_0 半群 $T(t)$ 的生成算子 $\mathcal{A}$ 的广义本征元全体构成 $\mathcal{H}$ 的 Riesz 基, 则该半群满足谱确定增长条件, 从而其指数稳定性由生成算子 $\mathcal{A}$ 的谱决定. Riesz 基方法的特点是它能提供比稳定性更多的信息, 如解的 Fourier 展开, 谱确定增长条件等.

第二章　单摆系统在 PDP 控制器下的谱分析

2.1　单摆系统与 PDP 控制器简介

桥式起重机的吊重工作, 机械手臂的作业, 以及机器人的稳定行走问题 (如图 2.1) 都与单摆系统的运动有着密切的关系, 因此, 单摆系统的镇定与控制问题激起相关工作人员以及数学学者们的研究兴趣 [14, 19, 56, 62, 138]. 在机器人技术中, 最简单的问题之一是利用枢轴上的马达来控制单链接旋转接头的位置. 从数学角度来讲, 这可以看作是用一个外部扭矩来控制平面单摆的运动.

图 2.1　机器人双足行走模型结构

单摆又称为钟摆或数学摆, 如图 2.2 所示. 所谓单摆运动是指一质量为 $m > 0$ 的小球用长度为 l 的柔软细绳拴住, 细绳的一端固定在某点 O 处, 小球在垂直平面内运动. 如果不考虑细绳在 O 点

23

处的摩擦力和空气阻力, 并且认为细绳的长度 l 不变, 那么在仅考虑地球引力和细绳对小球的拉力的情况下, 利用牛顿第二定律和圆周运动规律可得平面单摆系统的运动方程为 [2, 83]:

$$\ddot{\theta} + \frac{g}{l}\sin\theta = 0, \tag{2.1.1}$$

其中, θ 表示角位移, g 表示重力加速度. 显然, $\theta = 0$ 和 $\theta = \pi$ 都是系统 (2.1.1) 的平衡点. 如果作变量替换 $\varphi = \theta - \pi$, 系统 (2.1.1) 可化为

$$\ddot{\varphi} - \frac{g}{l}\sin\varphi = 0. \tag{2.1.2}$$

此式即为倒立摆系统在无控状态时的运动方程, 如图 2.3 所示. 将系统 (2.1.1) 和 (2.1.2) 合并可得

$$\ddot{y} \pm \frac{g}{l}\sin y = 0, \tag{2.1.3}$$

其中, y 表示偏离平衡点的位移, $+$ 和 $-$ 分别对应于平衡点的自然状态 ($\theta = 0$) 和倒立状态 ($\theta = \pi$), 即单摆和倒立摆. 此时, 其平衡点 $y = 0$ 的稳定性主要取决于线性化方程

$$\ddot{y}(t) \pm \frac{g}{l}y(t) = 0 \tag{2.1.4}$$

的动力学性能与控制器的选取.

为了使系统 (2.1.4) 的平衡点 $y = 0$ 渐近稳定, 我们考虑对其施加一个外部扭矩 $u(t)$, 即

$$\ddot{y}(t) \pm \frac{g}{l}y(t) = u(t). \tag{2.1.5}$$

通常称 $u(t)$ 为控制函数. 由于机器人技术和航空航天技术的飞速发展, 系统 (2.1.5) 中控制器 $u(t)$ 的设计受到专家和学者们的广泛关注.

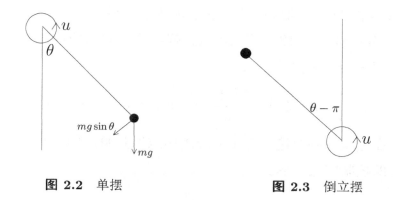

<table>
<tr><td>图 2.2　单摆</td><td>图 2.3　倒立摆</td></tr>
</table>

很自然地, 人们首先想到利用位置反馈来设计控制, 即比例控制器:

$$u(t) = \alpha y(t), \tag{2.1.6}$$

其中, α 称为反馈增益. 但不幸的是, 在许多实际应用中, 简单的位置反馈不能够取得受控系统的满意结果, 甚至不能够使受控系统达到稳定. 于是, 控制工程师开始考虑增加速度反馈, 这也就是传统的 PD 控制器:

$$u(t) = py(t) + d\dot{y}(t). \tag{2.1.7}$$

可以证明, 只要选取合适的参数 p, d, 就可以使系统 (2.1.5) 渐近稳定 [83]. 但是, 在工程应用中, 采用该控制器不仅需要量测位移, 还要量测速度. 如果速度反馈 $\dot{y}$ 不易估计, 那么系统的渐近稳定性将无法获得. 另一方面, 微分控制在实践中存在很大问题, 因为量测的信号一般有噪声干扰. 例如, 量测信号 ct 被噪声污染后实际得到

$$y(t) = ct + d\sin\omega t, \quad c \text{ 未知}.$$

这样的话,

$$\dot{y}(t) = c + d\omega\cos\omega t.$$

一般噪声的频率 ω 很高, 于是 $\dot{y}$ 远离需要的微分信号 c, 所以一般认为微分控制 "D" 物理不可实现. 解决这一问题的办法是用积分取消噪声干扰. 例如,

$$\frac{2}{t^2} \int_0^t y(s)ds = c - \frac{2d}{\omega t^2}(1 - \cos \omega t) \to c, \ t \to \infty.$$

因此, 在过程控制及造纸等工业应用中, 超过 90% 的控制都是 PID 控制, 即控制取如下形式:

$$u(t) = \alpha y(t) + \beta \int_0^t y(r)dr + \gamma \dot{y}(t),$$

其中, α, β, γ 为常数.

1979 年, I.H. Suh 和 Z. Bien 首次引入 PDP (位置反馈和时滞位置反馈) 控制器 [86], 也就是用瞬时位置和时滞位置的线性组合来设计控制器:

$$u(t) = \hat{a}y(t) + \hat{b}y(t - \tau), \tag{2.1.8}$$

其中, $\tau > 0$ 表示时滞, 并于 1980 年证明了该控制方法明显优于传统的 PD 控制器 [87]. 文献 [86, 87] 的研究主要基于近似计算和数值模拟. 因此, 基于 PDP 控制器的理论分析显得尤为重要.

1999 年, F.M. Atay 在文 [2] 中将时滞 τ 单位化, 即: 令 $t \to t/\tau$, 则 $\tau \to 1$. 从而, 系统 (2.1.5) 以及反馈控制 (2.1.8) 可转化为如下形式:

$$\ddot{y}(t) \pm \tau^2 \frac{g}{l} y(t) = ay(t) + by(t - 1), \tag{2.1.9}$$

其中, $a = \tau^2 \hat{a}, b = \tau^2 \hat{b}$. 令 $k = -a \pm \tau^2 g/l$, 那么系统 (2.1.9) 转化为如下形式:

$$\ddot{y}(t) + ky(t) = by(t - 1). \tag{2.1.10}$$

对于系统 (2.1.10), 有很多学者进行了稳定性方面的理论研究. 例
如, F.M. Atay 在文 [2] 中给出了系统 (2.1.10) 的零解渐近稳定的充
分必要条件:

$$0 < (-1)^n b < \min \left\{ k - n^2\pi^2, (n+1)^2\pi^2 - k \right\}, \qquad (2.1.11)$$

并画图说明 $k - b$ 参数平面上的稳定性区域, 见图 2.4, 每个子区域
上的数字表示具有正实部的特征根的个数.

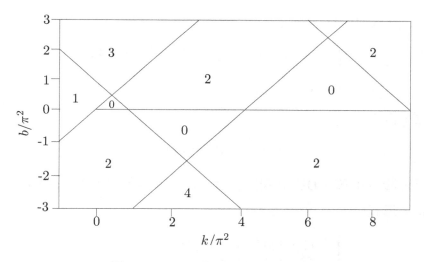

图 2.4 $k - b$ 平面上的稳定性区域

本章将在此基础上, 利用算子半群理论和谱分析方法, 研究
系统 (2.1.10) 的指数镇定问题. 2.2 节将系统 (2.1.10) 改写为一个
PDE-ODE 无穷维耦合系统, 并进一步转化为抽象发展方程的形
式, 利用算子半群理论来研究系统的适定性. 2.3 节分析系统算子的
特征值的渐近表达式. 2.4 节验证系统算子的本征向量的非基性质.
2.5 节验证系统的谱确定增长条件成立. 2.6 节进行数值仿真.

2.2 系统 (2.1.10) 的适定性

本节首先将系统 (2.1.10) 改写成一个 PDE–ODE 无穷维耦合系统, 然后将其转化为抽象的发展方程, 再利用算子半群理论研究系统的适定性.

2.2.1 模型的重建

一阶双曲 PDE 系统

$$
\begin{cases}
v_t(x,t) = v_x(x,t), \; x \in (0,1), \; t > 0, \\
v(1,t) = y(t)
\end{cases}
$$

的解可以表示为

$$
v(x,t) = y(t + x - 1).
$$

由于时滞可由该 PDE 系统来描述, 因此, 时滞系统 (2.1.10) 可改写为如下形式:

$$
\begin{cases}
\ddot{y}(t) + ky(t) = bv(0,t), \\
v_t(x,t) = v_x(x,t), \; x \in (0,1), \; t > 0, \\
v(1,t) = y(t).
\end{cases}
\tag{2.2.1}
$$

也就是说, 系统 (2.1.10) 可看作是由二阶 ODE 和双曲 PDE 通过边界连接所构成的无穷维耦合系统, 如图 2.5 所示.

注 2.2.1 在新构建的系统 (2.2.1) 中, 时滞项消失了, 这一处理方式与之前有关时滞的文献 (如 [2, 62, 83]) 的处理是完全不同的. 这也充分体现了时滞系统是无穷维系统的本质特征. 该方法首先在

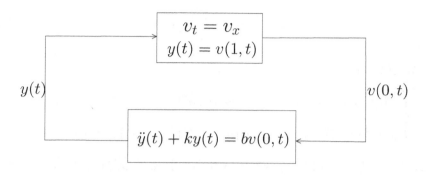

图 2.5 ODE–PDE 耦合系统

文献 [101] 中提出, 之后在 [25, 26, 41–45, 88, 89, 93, 121] 等一系列文献中广泛应用.

2.2.2 抽象发展方程

定义

$$Z(t) = \big(y(t), \dot{y}(t), v(\cdot, t)\big),$$

那么系统 (2.2.1) 转化为

$$\begin{cases} \dot{Z}(t) = \big(\dot{y}(t), -ky(t) + bv(0,t), v'(\cdot, t)\big), \\ v(1,t) = y(t), \end{cases} \tag{2.2.2}$$

其中, v' 表示 v 对变量 x 的导数. 我们将系统 (2.2.2) 放在 Hilbert 空间

$$\mathcal{H} = \mathbb{C} \times \mathbb{C} \times L^2(0,1)$$

中考虑, 其中的内积定义为: $\forall\, Z_1 = (f_1, g_1, h_1), Z_2 = (f_2, g_2, h_2) \in \mathcal{H}$,

$$\langle Z_1, Z_2 \rangle = \langle f_1, f_2 \rangle_{\mathbb{C}} + \langle g_1, g_2 \rangle_{\mathbb{C}} + \int_0^1 h_1(x)\overline{h_2(x)}\,dx$$

$$= f_1\overline{f_2} + g_1\overline{g_2} + \int_0^1 h_1(x)\overline{h_2(x)}dx. \tag{2.2.3}$$

定义线性算子 $\mathcal{A} : \mathcal{H} \to \mathcal{H}$ 如下:

$$\begin{cases} \mathcal{A}(f, g, h) = (g, -kf + bh(0), h'), \\ D(\mathcal{A}) = \{(f, g, h) \in \mathcal{H} \mid h \in H^1(0, 1), h(1) = f\}. \end{cases} \tag{2.2.4}$$

那么系统 (2.2.2) 可以写成 Hilbert 空间 $\mathcal{H}$ 上的抽象发展方程的形式:

$$\begin{cases} \dot{Z}(t) = \mathcal{A}Z(t), \ t > 0, \\ Z(0) = Z_0. \end{cases} \tag{2.2.5}$$

下面给出两个引理来阐述系统算子 $\mathcal{A}$ 的性质.

引理 2.2.1 设 $\mathcal{A}$ 是由 (2.2.4) 给出. 如果 $k \neq b$, 那么 $\mathcal{A}^{-1}$ 存在并且是紧的. 因此, 算子 $\mathcal{A}$ 的谱集 $\sigma(\mathcal{A})$ 仅由有穷代数重数的孤立特征值所构成.

证明: 对任给的 $(f_1, g_1, h_1) \in \mathcal{H}$, 求解

$\mathcal{A}(f, g, h) = (g, -kf + bh(0), h') = (f_1, g_1, h_1)$, 其中, $(f, g, h) \in D(\mathcal{A})$

可得

$$g = f_1, \ h(x) = f - \int_x^1 h_1(r)dr.$$

所以

$$-kf + b\left(f - \int_0^1 h_1(r)dr\right) = g_1.$$

如果 $k \neq b$, 那么

$$f = \frac{1}{-k + b}\left(g_1 + b\int_0^1 h_1(r)dr\right),$$

$$h(x) = \frac{1}{-k+b}\left(g_1 + b\int_0^1 h_1(r)dr\right) - \int_x^1 h_1(r)dr.$$

因此, 根据 Sobolev 嵌入定理, $\mathcal{A}^{-1}$ 存在并且在 $\mathcal{H}$ 上是紧的. 从而, $\sigma(\mathcal{A})$ 仅由有穷代数重数的孤立特征值所构成.　■

引理 2.2.2 设 $\mathcal{A}$ 是由 (2.2.4) 给出, 且对 $\forall Z_1 = (f_1, g_1, h_1)$, $Z_2 = (f_2, g_2, h_2) \in \mathcal{H}$, 定义一个新的内积:

$$\langle Z_1, Z_2 \rangle_1 = \langle f_1, f_2 \rangle_{\mathbb{C}} + \langle g_1, g_2 \rangle_{\mathbb{C}} + \int_0^1 q(x) h_1(x)\overline{h_2(x)}dx, \quad (2.2.6)$$

其中, $q(x) = x^2 + 2|b|$ 是 $[0,1]$ 上的有界函数. 那么 $\langle \cdot, \cdot \rangle_1$ 是 $\mathcal{H}$ 上的一个内积, 由它所诱导的范数等价于由 (2.2.3) 所诱导的范数. 另外, 存在一个正常数

$$M = \max\left\{\frac{2 + |k| + 2|b|}{2}, \frac{1}{2|b|}\right\}$$

使得

$$\mathrm{Re}\langle \mathcal{A}Z, Z \rangle_1 \le M\langle Z, Z \rangle_1, \forall Z \in D(\mathcal{A}). \quad (2.2.7)$$

因此, $\mathcal{A} - M$ 在 $\mathcal{H}$ 上是耗散的, 且 $\mathcal{A}$ 生成 $\mathcal{H}$ 上的一个 C_0 半群 $e^{\mathcal{A}t}$.

证明: 第一个结论是显然的, 所以我们仅证 (2.2.7) 式.

对任意的 $Z = (f, g, h) \in D(\mathcal{A})$,

$$\langle Z, Z \rangle_1 = \langle f, f \rangle_{\mathbb{C}} + \langle g, g \rangle_{\mathbb{C}} + \int_0^1 q(x) h(x)\overline{h(x)}dx$$

$$= |f|^2 + |g|^2 + \int_0^1 q(x)|h(x)|^2 dx,$$

且

$$\langle \mathcal{A}Z, Z \rangle_1 = \langle (g, -kf + bh(0), h'), (f, g, h) \rangle_1$$
$$= \langle g, f \rangle_{\mathbb{C}} + \langle -kf + bh(0), g \rangle_{\mathbb{C}} + \int_0^1 q(x) h'(x) \overline{h(x)} dx.$$

注意到 $|f||g| \leq \dfrac{1}{2} \left(|f|^2 + |g|^2 \right)$, $\left| \dfrac{-q'(x)}{2q(x)} \right| \leq \dfrac{1}{2|b|}$, 所以, 直接计算可得,

$$\mathrm{Re} \langle \mathcal{A}Z, Z \rangle_1$$
$$\leq |\langle g, f \rangle_{\mathbb{C}}| + |k||\langle f, g \rangle_{\mathbb{C}}| + |b||\langle h(0), g \rangle_{\mathbb{C}}| + \frac{1}{2} \int_0^1 q(x) \frac{d}{dx} |h(x)|^2 dx$$
$$\leq (1 + |k|) \frac{|f|^2 + |g|^2}{2} + |b||h(0)||g| + \frac{1}{2} q(1) |h(1)|^2$$
$$\quad - \frac{1}{2} q(0) |h(0)|^2 - \frac{1}{2} \int_0^1 q'(x) |h(x)|^2 dx$$
$$\leq \frac{1 + |k| + q(1)}{2} |f|^2 + \frac{1 + |k| + |b|}{2} |g|^2 + \frac{|b| - q(0)}{2} |h(0)|^2$$
$$\quad + \int_0^1 \frac{-q'(x)}{2q(x)} q(x) |h(x)|^2 dx$$
$$\leq \frac{2 + |k| + 2|b|}{2} |f|^2 + \frac{1 + |k| + |b|}{2} |g|^2 + \frac{1}{2|b|} \int_0^1 q(x) |h(x)|^2 dx$$
$$\leq M \langle Z, Z \rangle_1.$$

因此, $\mathcal{A} - M$ 是耗散的. 根据引理 2.2.1 知, $\mathcal{A}$ 是离散算子 (即 $\mathcal{A}^{-1}$ 是紧的), 所以存在一个点列 $M_n \to M$ 使得 $M_n \in \rho(\mathcal{A})$. 不失一般性, 可设 $M \in \rho(\mathcal{A})$. 则由 Lumer-Phillips 定理, $\mathcal{A} - M$ 生成 $\mathcal{H}$ 上的 C_0 压缩半群. 从而由 C_0 半群有界扰动定理可得, $\mathcal{A}$ 生成 $\mathcal{H}$ 上的一个 C_0 半群 $e^{\mathcal{A}t}$. ∎

2.3 系统算子的谱分析

本节主要考虑系统算子 $\mathcal{A}$ 的谱的分布, 其中用到了文献 [31] 中的一些分析方法. 根据引理 2.2.1 可知, $\mathcal{A}$ 的谱仅由特征值构成. 因此, 我们着重考虑系统算子 $\mathcal{A}$ 的特征值问题

$$\mathcal{A}Z = \lambda Z, \ \forall \ Z = (f, g, h) \in D(\mathcal{A}),$$

即

$$\begin{cases} g = \lambda f, \\ h = f e^{\lambda(x-1)} \end{cases} \tag{2.3.1}$$

且

$$-kf + bfe^{-\lambda} = \lambda g = \lambda^2 f. \tag{2.3.2}$$

那么, $(f, g, h) \neq 0$ 当且仅当方程 $\lambda^2 + k - be^{-\lambda} = 0$ 有解. 从而, 我们容易得到关于系统算子 $\mathcal{A}$ 的如下两个引理.

引理 2.3.1 设 $\mathcal{A}$ 是由 (2.2.4) 给出. 令

$$\Delta(\lambda) = \lambda^2 + k - be^{-\lambda}, \tag{2.3.3}$$

那么

$$\sigma(\mathcal{A}) = \sigma_p(\mathcal{A}) = \{\lambda \in \mathbb{C} | \Delta(\lambda) = 0\}. \tag{2.3.4}$$

任一 $\lambda \in \sigma(\mathcal{A})$ 都是几何单的, 且相应的本征函数 $\phi_\lambda = (f_\lambda, g_\lambda, h_\lambda)$ 形式如下:

$$f_\lambda(t) = e^{\lambda t}, \ g_\lambda(t) = \lambda e^{\lambda t}, \ h_\lambda(x, t) = e^{\lambda(x+t-1)}. \tag{2.3.5}$$

引理 2.3.2 设 $\mathcal{A}$ 是由 (2.2.4) 给出, $\Delta(\lambda)$ 由 (2.3.3) 给出. 那么对任意的 $\lambda \in \rho(\mathcal{A})$, 预解方程

$$Z = R(\lambda, \mathcal{A})\widetilde{Z}, \ \forall \ \widetilde{Z} = (\tilde{f}, \tilde{g}, \tilde{h}) \in \mathcal{H}$$

的解 $Z = (f, g, h) \in D(\mathcal{A})$ 由如下表达式给出:

$$\begin{cases} f = \dfrac{\lambda\tilde{f} + \tilde{g} + b\displaystyle\int_0^1 \widetilde{h}(r)e^{-\lambda r}dr}{\Delta(\lambda)}, \\[4mm] g = \dfrac{(be^{-\lambda} - k)\tilde{f} + \lambda\tilde{g} + \lambda b\displaystyle\int_0^1 \widetilde{h}(r)e^{-\lambda r}dr}{\Delta(\lambda)}, \\[4mm] h = \dfrac{\lambda\tilde{f} + \tilde{g} + b\displaystyle\int_0^1 \widetilde{h}(r)e^{-\lambda r}dr}{\Delta(\lambda)}e^{\lambda(x-1)} + \displaystyle\int_x^1 \widetilde{h}(r)e^{\lambda(x-r)}dr. \end{cases} \quad (2.3.6)$$

证明: $\forall \ \widetilde{Z} = (\tilde{f}, \tilde{g}, \tilde{h}) \in \mathcal{H}, \ \lambda \in \rho(\mathcal{A})$, 考虑

$$Z = R(\lambda, \mathcal{A})\widetilde{Z}, \ Z = (f, g, h) \in D(\mathcal{A}).$$

那么

$$(\lambda I - \mathcal{A})Z = (\lambda f - g, \lambda g + kf - bh(0), \lambda h - h') = (\tilde{f}, \tilde{g}, \tilde{h}),$$

即

$$\begin{cases} \tilde{f} = \lambda f - g \implies g = \lambda f - \tilde{f}, \\[2mm] \tilde{g} = \lambda g + kf - bh(0), \\[2mm] \tilde{h} = \lambda h - h'. \end{cases} \quad (2.3.7)$$

根据 (2.3.7) 的第三个方程, 以及 $h(1) = f$, 我们有

$$h(x) = fe^{\lambda(x-1)} + \int_x^1 \widetilde{h}(r)e^{\lambda(x-r)}dr. \tag{2.3.8}$$

根据 (2.3.7) 的前两个方程可得

$$\tilde{g} = \lambda(\lambda f - \tilde{f}) + kf - b\left(fe^{-\lambda} + \int_0^1 \widetilde{h}(r)e^{-\lambda r}dr\right)$$

$$= (\lambda^2 + k - be^{-\lambda})f - \lambda\tilde{f} - b\int_0^1 \widetilde{h}(r)e^{-\lambda r}dr,$$

因此, 当 $\lambda \in \rho(\mathcal{A})$, 即 $\Delta(\lambda) \neq 0$ 时,

$$f = \frac{\lambda\tilde{f} + \tilde{g} + b\displaystyle\int_0^1 \widetilde{h}(r)e^{-\lambda r}dr}{\lambda^2 + k - be^{-\lambda}}. \tag{2.3.9}$$

将 (2.3.9) 分别代入到 (2.3.8) 和 (2.3.7) 的第一个方程中, 得

$$h = \frac{\lambda\tilde{f} + \tilde{g} + b\displaystyle\int_0^1 \widetilde{h}(r)e^{-\lambda r}dr}{\lambda^2 + k - be^{-\lambda}}e^{\lambda(x-1)} + \int_x^1 \widetilde{h}(r)e^{\lambda(x-r)}dr \tag{2.3.10}$$

$$g = \frac{(-k + be^{-\lambda})\tilde{f} + \lambda\tilde{g} + b\lambda\displaystyle\int_0^1 \widetilde{h}(r)e^{-\lambda r}dr}{\lambda^2 + k - be^{-\lambda}}. \tag{2.3.11}$$

因此, 我们得到了预解方程 $Z = R(\lambda, \mathcal{A})\tilde{Z}$ 的唯一解 (2.3.6). ∎

下面主要讨论系统算子 $\mathcal{A}$ 的谱的分布. 为了简便, 记

$$H(\lambda) = \Delta(\lambda) = \lambda^2 + k - be^{-\lambda}, \tag{2.3.12}$$

以及

$$F(\lambda) = e^\lambda H(\lambda) = \lambda^2 e^\lambda + ke^\lambda - b. \tag{2.3.13}$$

从而, 研究系统算子 $\mathcal{A}$ 的特征值的分布, 也就是研究方程 $H(\lambda) = 0$ 的根.

引理 2.3.3 设 $H(\lambda), \lambda \in \mathbb{C}$ 由 (2.3.12) 式给出. 那么 $H(\lambda)$ 的根的重数至多为三重, 并且

(i) $\lambda = -1$ 是 $H(\lambda)$ 的唯一可能的三重特征值, 且

$\lambda = -1$ 是 $H(\lambda)$ 的三重根 $\Longleftrightarrow$ 反馈系数 k, b 满足 $k = 1, b = 2e^{-1}$.

(ii) 如果 λ 是 $H(\lambda)$ 的二重根, 那么

$$\lambda = -1 \pm \sqrt{1-k}, \quad \text{如果 } k < 1;$$

$$\lambda = -1 \pm i\sqrt{k-1}, \quad \text{如果 } k > 1.$$

(iii) 如果 $\lambda = \alpha + i\beta$ 是 $H(\lambda)$ 的单根, 那么

$$\begin{cases} \alpha^2 - \beta^2 + k - be^{-\alpha}\cos\beta = 0, \\ 2\alpha\beta + be^{-\alpha}\sin\beta = 0, \\ |2\alpha + be^{-\alpha}\cos\beta| + |2\beta - be^{-\alpha}\sin\beta| \neq 0. \end{cases}$$

证明: 注意到

$$\begin{cases} \Delta\lambda = \lambda^2 + k - be^{-\lambda}, \quad (\Delta\lambda)' = 2\lambda + be^{-\lambda}, \\ (\Delta\lambda)'' = 2 - be^{-\lambda}, \quad (\Delta\lambda)''' = be^{-\lambda}. \end{cases}$$

显然, 对 $\forall \lambda \in \mathbb{C}$, 如下四个方程不能够同时成立:

$$\begin{cases} \Delta\lambda = \lambda^2 + k - be^{-\lambda} = 0, \\ (\Delta\lambda)' = 2\lambda + be^{-\lambda} = 0, \\ (\Delta\lambda)'' = 2 - be^{-\lambda} = 0, \\ (\Delta\lambda)''' = be^{-\lambda} = 0, \end{cases}$$

也就是说, $H(\lambda) = 0$ 的根的重数至多为三重.

假设 μ 是 $H(\lambda)$ 的三重根, 则

$$\begin{cases} \mu^2 + k - be^{-\mu} = 0, \\ 2\mu + be^{-\mu} = 0, \\ 2 - be^{-\mu} = 0. \end{cases} \tag{2.3.14}$$

将 (2.3.14) 的第三个等式代入到第二个等式中, 得 $\mu = -1$. 将 $\mu = -1$ 代入到 (2.3.14) 的第三个等式和第一个等式中, 得 $b = 2e^{-1}$, $k = 1$. 反之亦成立. 故结论 (i) 得证.

如果 μ 是 $H(\lambda)$ 的二重根, 那么

$$\begin{cases} \mu^2 + k - be^{-\mu} = 0, \\ 2\mu + be^{-\mu} = 0 \end{cases} \implies \mu^2 + k + 2\mu = 0$$

$$\implies \begin{cases} \mu = -1 \pm \sqrt{1-k}, \text{ 如果 } k < 1; \\ \mu = -1 \pm i\sqrt{k-1}, \text{ 如果 } k > 1. \end{cases}$$

故结论 (ii) 成立.

将 $\lambda = \alpha + i\beta$ 代入到 $\Delta(\lambda) = 0, \Delta'(\lambda) \neq 0$ 中易得, 结论 (iii) 成立. ∎

引理 2.3.4 设 $H(\lambda), \lambda \in \mathbb{C}$ 由 (2.3.12) 式给出, 且条件 (2.1.11) 成立. 那么 $H(\lambda)$ 在左半复平面上有无穷多个零点 $\lambda_n, n \in \mathbb{N}$. 另外, 这些零点满足

$$\mathrm{Re}\lambda_n \to -\infty, \quad \text{当 } n \to \infty \text{ 时}.$$

证明: 因为 $H(\lambda)$ 是关于 λ 的整函数, 所以在复平面上有无穷多个零点. 结合条件 (2.1.11) 可知, 这些零点位于左半开复平面. 另外, 如果 $|\lambda|$ 足够大, 且 $\mathrm{Re}\lambda$ 有界, 那么

$$|H(\lambda)| \geq |\lambda|^2 + k - be^{-\mathrm{Re}\lambda} > 0.$$

从而, 当 $n \to \infty$ 时, $\mathrm{Re}\lambda_n \to -\infty$. ■

下面开始讨论当 $\mathrm{Re}\lambda \to -\infty$ 时, $H(\lambda)$ 的零点 (i.e. $F(\lambda)$ 的零点) 的渐近分布.

当 $\mathrm{Re}\lambda \to -\infty$ 时, $F(\lambda)$ 有如下的渐近表达式:

$$F(\lambda) = e^\lambda H(\lambda) = \lambda^2 e^\lambda - b + \mathcal{O}(e^\lambda). \tag{2.3.15}$$

根据儒歇定理, 为了考察 $F(\lambda)$ 的零点的渐近分布, 我们仅需考虑函数

$$\tilde{F}(\lambda) = \lambda^2 e^\lambda - b \tag{2.3.16}$$

的零点的渐近分布. 利用因式分解, 该函数可分解为如下形式:

$$\tilde{F}(\lambda) = \begin{cases} \text{如果 } b > 0, \\ \left(\lambda e^{\frac{1}{2}\lambda} + \sqrt{b}\right)\left(\lambda e^{\frac{1}{2}\lambda} - \sqrt{b}\right); \\ \text{如果 } b < 0, \\ \left(\lambda e^{\frac{1}{2}\lambda} + i\sqrt{-b}\right)\left(\lambda e^{\frac{1}{2}\lambda} - i\sqrt{-b}\right). \end{cases} \tag{2.3.17}$$

记

$$
\begin{cases}
f_1(\lambda) = \lambda e^{\frac{1}{2}\lambda} - \sqrt{b}, \ f_2(\lambda) = \lambda e^{\frac{1}{2}\lambda} + \sqrt{b}, & \text{若 } b > 0, \\
f_3(\lambda) = \lambda e^{\frac{1}{2}\lambda} - i\sqrt{-b}, \ f_4(\lambda) = \lambda e^{\frac{1}{2}\lambda} + i\sqrt{-b}, & \text{若 } b < 0.
\end{cases}
\tag{2.3.18}
$$

下面分别考虑 $f_i(\lambda), i = 1, 2, 3, 4$ 的零点的渐近表达式.

定理 2.3.1 设 $b > 0$, $f_1(\lambda)$ 由 (2.3.18) 式给出. 那么

$$
f_1(\lambda) = \lambda e^{\frac{1}{2}\lambda} - \sqrt{b}
$$

的零点为:

$$
\sigma(f_1(\lambda)) = \left\{ \xi_n, \ \overline{\xi_n} \right\}_{n \in \mathbb{N}} \cup \{\nu_1\},
\tag{2.3.19}
$$

其中, ν_1 是 $f_1(\lambda)$ 的唯一正实根, 且 ξ_n 有如下的渐近表达式:

$$
\xi_n = 2\left[\ln \sqrt{b} - \ln(4n - 1)\pi \right]
$$
$$
+ i\left[(4n - 1)\pi - \frac{4\ln(4n - 1)\pi}{(4n - 1)\pi} \right] + \mathcal{O}(n^{-1}).
\tag{2.3.20}
$$

证明: 首先考虑 $f_1(\lambda)$ 的实根. 设 $\nu \in \mathbb{R}$ 是 $f_1(\lambda)$ 的一个实根, 则由 $b > 0$ 以及 $f_1(\nu) = 0$, 可得 $\nu > 0$, 也就是说, $f_1(\lambda)$ 仅可能有正的实根. 此时, 由于

$$
f_1'(\lambda) = \left(1 + \frac{1}{2}\lambda \right) e^{\frac{1}{2}\lambda} > 0,
$$

且

$$
\lim_{\lambda \to 0} f_1(\lambda) = -\sqrt{b} < 0, \quad \lim_{\lambda \to +\infty} f_1(\lambda) = +\infty > 0,
$$

容易得到, $f_1(\lambda)$ 仅有一个正实根, 记作 ν_1.

接下来, 由于 $f_1(\lambda)$ 的复根关于实轴对称, 所以 $f_1(\lambda)$ 的根具有 (2.3.19) 式的特点. 因此, 我们仅需证明 ξ_n 的渐近表达式 (2.3.20).

设 $\xi = x + iy \ (y > 0)$ 是 $f_1(\lambda)$ 的一个零点, 则由 $f_1(\xi) = 0$ 得

$$(x + iy)e^{\frac{1}{2}x}\left(\cos\frac{1}{2}y + i\sin\frac{1}{2}y\right) = \sqrt{b},$$

即

$$e^{\frac{1}{2}x}\left(x\cos\frac{1}{2}y - y\sin\frac{1}{2}y\right) = \sqrt{b} \tag{2.3.21}$$

且

$$e^{\frac{1}{2}x}\left(y\cos\frac{1}{2}y + x\sin\frac{1}{2}y\right) = 0. \tag{2.3.22}$$

由 (2.3.22) 可得

$$x = -\frac{y\cos\dfrac{1}{2}y}{\sin\dfrac{1}{2}y}. \tag{2.3.23}$$

将其代入到 (2.3.21) 中得

$$e^{\frac{1}{2}x} = -\frac{\sqrt{b}\sin\dfrac{1}{2}y}{y}. \tag{2.3.24}$$

注意到 $\sqrt{b} > 0$, $y > 0$ 且 $e^{\frac{1}{2}x} > 0$, 易得 $-\sin\frac{1}{2}y > 0$, 因此,

$$y \in \big(2(2n-1)\pi,\ 4n\pi\big), \quad n \in \mathbb{N}. \tag{2.3.25}$$

另外, 由 (2.3.24) 可得

$$x = 2\left[\ln\big(-\sqrt{b}\sin\frac{1}{2}y\big) - \ln y\right]. \tag{2.3.26}$$

将其代入到 (2.3.23) 的左端, 可得

$$\ln\big(-\sqrt{b}\sin\frac{1}{2}y\big) - \ln y + \frac{y\cos\dfrac{1}{2}y}{2\sin\dfrac{1}{2}y} = 0.$$

令

$$g(y) = \ln\left(-\sqrt{b}\sin\frac{1}{2}y\right) - \ln y + \frac{y\cos\frac{1}{2}y}{2\sin\frac{1}{2}y},$$

那么, 根据 (2.3.25) 和 $2\sin y - y < 0$, 以及

$$\lim_{y\to 2(2n-1)\pi} g(y) = +\infty, \quad \lim_{y\to 4n\pi} g(y) = -\infty$$

可得

$$g'(y) = \frac{4y\cos\frac{1}{2}y\sin\frac{1}{2}y - y^2 - 4\sin^2\frac{1}{2}y}{4y\sin^2\frac{1}{2}y}$$

$$= \frac{2y\sin y - y^2 - 4\sin^2\frac{1}{2}y}{4y\sin^2\frac{1}{2}y} < 0,$$

因此, 在每一个区间

$$(2(2n-1)\pi,\ 4n\pi),\quad n \in \mathbb{N}$$

内, 存在唯一的零点 $y_n,\ n \in \mathbb{N}$ 使得 $g(y_n) = 0$. 对任意的 $n \in \mathbb{N}$, 取

$$x_n = 2\ln\left(-\frac{\sqrt{b}\sin\frac{1}{2}y_n}{y_n}\right), \tag{2.3.27}$$

那么 $\xi_n = x_n + iy_n$ 就是 $f_1(\lambda)$ 的零点.

当 $y_n > \sqrt{b}$ 时,

$$x_n = 2\ln\left(-\frac{\sqrt{b}\sin\frac{1}{2}y_n}{y_n}\right) < 0,$$

因此,

$$y_n \to +\infty, \ x_n \to -\infty, \quad \text{当 } n \to +\infty \text{ 时.} \tag{2.3.28}$$

另外, 由 (2.3.23) 和 (2.3.24), 我们分别可得

$$\sin \frac{1}{2} y_n = -\frac{y_n \cos \frac{1}{2} y_n}{x_n}$$

和

$$\sin \frac{1}{2} y_n = -\frac{y_n e^{\frac{1}{2} x_n}}{\sqrt{b}}.$$

进一步可得

$$x_n e^{\frac{1}{2} x_n} = \sqrt{b} \cos \frac{1}{2} y_n. \tag{2.3.29}$$

因此, 由 $x_n < 0$, $\sqrt{b} > 0$ 可得

$$\cos \frac{1}{2} y_n < 0.$$

结合 (2.3.25) 得

$$y_n \in \left(2(2n-1)\pi, \ 2\left(2n - \frac{1}{2}\right)\pi \right), \quad n \in \mathbb{N}. \tag{2.3.30}$$

从而, 由 (2.3.28) 和 (2.3.29) 可得, 当 $n \to +\infty$ 时,

$$x_n e^{\frac{1}{2} x_n} \to 0, \ \cos \frac{1}{2} y_n \to 0, \ y_n - 2(2n - \frac{1}{2})\pi \to 0.$$

于是, 我们得到了 y_n 的表达式:

$$y_n = 2(2n - \frac{1}{2})\pi + 2\varepsilon_n, \quad \varepsilon_n \in \left(-\frac{\pi}{2}, 0 \right), \tag{2.3.31}$$

其中, $\varepsilon_n \to 0$ (当 $n \to +\infty$ 时). 将其代入到 $g(y_n) = 0$ 中得

$$0 = g(y_n) = \ln \sqrt{b} + \ln \left[-\sin \left((2n - \frac{1}{2})\pi + \varepsilon_n \right) \right]$$

$$-\ln y_n + \frac{y_n}{2}\frac{\cos\left[(2n-\frac{1}{2})\pi+\varepsilon_n\right]}{\sin\left[(2n-\frac{1}{2})\pi+\varepsilon_n\right]}.$$

也就是说,

$$\ln\sqrt{b}+\ln(\cos\varepsilon_n)-\ln y_n-\frac{y_n}{2}\frac{\sin\varepsilon_n}{\cos\varepsilon_n}=0,$$

且

$$\sin\varepsilon_n = 2(\cos\varepsilon_n)\left(\frac{\ln\sqrt{b}}{y_n}+\frac{\ln\cos\varepsilon_n}{y_n}-\frac{\ln y_n}{y_n}\right).$$

根据泰勒展式, 得

$$\sin\varepsilon_n = -\frac{2\ln y_n}{y_n}+\mathcal{O}(n^{-1}), \quad \text{当 } n\to+\infty \text{ 时}.$$

注意到 $\sin\varepsilon_n = \varepsilon_n - \frac{\varepsilon_n^3}{3!}+\cdots$, 我们有

$$\varepsilon_n = -\frac{2\ln(4n-1)\pi}{(4n-1)\pi}+\mathcal{O}(n^{-1}).$$

因此, 由 (2.3.31), 我们最终得到了 y_n 的渐近表达式:

$$y_n = (4n-1)\pi - \frac{4\ln(4n-1)\pi}{(4n-1)\pi}+\mathcal{O}(n^{-1}). \tag{2.3.32}$$

将其代入到 (2.3.27), 我们可得 x_n 的渐近表达式:

$$x_n = 2\left[\ln\sqrt{b}+\ln\left(-\sin\frac{1}{2}y_n\right)-\ln y_n\right]$$

$$= 2\left[\ln\sqrt{b}+\ln\left(-\sin\left((2n-\frac{1}{2})\pi-\frac{2\ln(4n-1)\pi}{(4n-1)\pi}+\mathcal{O}(n^{-1})\right)\right)\right.$$

$$\left.-\ln\left((4n-1)\pi-\frac{4\ln(4n-1)\pi}{(4n-1)\pi}+\mathcal{O}(n^{-1})\right)\right]$$

$$= 2 \left[\ln \sqrt{b} + \ln \left(\cos \left(\frac{2 \ln(4n-1)\pi}{(4n-1)\pi} + \mathcal{O}(n^{-1}) \right) \right) \right.$$

$$\left. - \ln \left((4n-1)\pi + \mathcal{O}(n^{-1}) \right) \right]$$

$$= 2 \left[\ln \sqrt{b} + \ln \left(\cos \left(\mathcal{O}(\frac{\ln n}{n}) \right) \right) - \ln \left((4n-1)\pi + \mathcal{O}(n^{-1}) \right) \right]$$

$$= 2 \left[\ln \sqrt{b} - \ln(4n-1)\pi \right] + \mathcal{O}(n^{-1}).$$

综上, 我们得到了 $\xi_n = x_n + i y_n$ 的渐近表达式 (2.3.20).　■

类似定理 2.3.1 的推导, 我们可得 $f_i(\lambda)$ $(i = 2, 3, 4)$ 的零点的渐近表达式, 所以此处只给出如下结论, 不进行证明.

定理 2.3.2 设 $b > 0$, $f_2(\lambda)$ 由 (2.3.18) 式给出. 那么

$$f_2(\lambda) = \lambda e^{\frac{1}{2}\lambda} + \sqrt{b}$$

的零点为

$$\sigma(f_2(\lambda)) = \{\eta_n, \overline{\eta_n}\}_{n \in \mathbb{N}} \cup \{\nu_2\}, \qquad (2.3.33)$$

其中, ν_2 是 $f_2(\lambda)$ 的唯一负实根, 且 η_n 有如下的渐近表达式:

$$\eta_n = 2 \left[\ln \sqrt{b} - \ln(4n+1)\pi \right]$$

$$+ i \left[(4n+1)\pi - \frac{4 \ln(4n+1)\pi}{(4n+1)\pi} \right] + \mathcal{O}(n^{-1}). \quad (2.3.34)$$

定理 2.3.3 设 $b < 0$, $f_3(\lambda)$ 由 (2.3.18) 式给出. 那么

$$f_3(\lambda) = \lambda e^{\frac{1}{2}\lambda} - i\sqrt{-b}$$

的零点为

$$\sigma(f_3(\lambda)) = \{\alpha_n, \overline{\alpha_n}\}_{n \in \mathbb{N}}, \qquad (2.3.35)$$

其中, α_n 有如下的渐近表达式:

$$\alpha_n = 2\left[\ln\sqrt{-b} - \ln(4n\pi)\right] + i\left(4n\pi - \frac{\ln 4n\pi}{n\pi}\right) + \mathcal{O}(n^{-1}). \quad (2.3.36)$$

定理 2.3.4 设 $b < 0$, $f_4(\lambda)$ 由 (2.3.18) 式给出. 那么

$$f_4(\lambda) = \lambda e^{\frac{1}{2}\lambda} + i\sqrt{-b}$$

的零点为

$$\sigma(f_4(\lambda)) = \left\{\beta_n,\ \overline{\beta_n}\right\}_{n\in\mathbb{N}}, \quad (2.3.37)$$

其中, β_n 有如下的渐近表达式:

$$\beta_n = 2\left[\ln\sqrt{-b} - \ln(4n+2)\pi\right]$$
$$+ i\left[(4n+2)\pi - \frac{4\ln(4n+2)\pi}{(4n+2)\pi}\right] + \mathcal{O}(n^{-1}). \quad (2.3.38)$$

综合引理 2.3.3, 引理 2.3.4, 以及定理 2.3.1, 定理 2.3.2, 定理 2.3.3 和定理 2.3.4, 我们容易得到关于系统算子 $\mathcal{A}$ 的谱的分布情况.

定理 2.3.5 设 $\mathcal{A}$ 和 $\Delta(\lambda)$ 分别由 (2.2.4) 和 (2.3.3) 给出, 且条件 (2.1.11) 成立. 那么有如下关于系统算子 $\mathcal{A}$ 的谱的结论:

(1) 对 $\forall \lambda \in \sigma(\mathcal{A})$, $\mathrm{Re}(\lambda) < 0$.

(2) $\mathcal{A}$ 在左半开复平面 $\mathbb{C}^{-1}$ 上有无穷多个特征值 λ_n, $n \in \mathbb{N}$, 且当 $n \to \infty$ 时, $\mathrm{Re}\lambda_n \to -\infty$.

(3) 系统算子 $\mathcal{A}$ 的特征值的代数重数至多为三重, 且有:

(i) $\lambda = -1$ 是 $\mathcal{A}$ 的唯一可能的三重特征值, 且 $\lambda = -1$ 是 $\mathcal{A}$ 的三重特征值, 当且仅当反馈系数 k, b 满足 $k = 1, b = 2e^{-1}$.

(ii) 如果 λ 是算子 $\mathcal{A}$ 的二重特征值, 那么

$$\lambda = -1 \pm \sqrt{1-k}, \quad \text{如果 } k < 1;$$

$$\lambda = -1 \pm i\sqrt{k-1}, \quad \text{如果 } k > 1.$$

(iii) 如果 $\lambda = \alpha + i\beta$ 是 $\mathcal{A}$ 的简单特征值, 那么,

$$\begin{cases} \alpha^2 - \beta^2 + k - be^{-\alpha}\cos\beta = 0, \\ 2\alpha\beta + be^{-\alpha}\sin\beta = 0, \\ |2\alpha + be^{-\alpha}\cos\beta| + |2\beta - be^{-\alpha}\sin\beta| \neq 0. \end{cases}$$

(4) 系统算子 $\mathcal{A}$ 的复特征值关于实轴对称.

(5) 如果 $b > 0$, 那么 $\sigma(\mathcal{A})$ 的形式如下:

$$\sigma(\mathcal{A}) = \{\mu_{i1}, i \in I_1\} \cup \{\xi_n, \overline{\xi_n}\}_{n \in \mathbb{N}} \cup \{\eta_n, \overline{\eta_n}\}_{n \in \mathbb{N}}, \qquad (2.3.39)$$

其中, $\mu_{i1}(I_1 \subset \{1,2,3\})$ 代表 $\mathcal{A}$ 的实特征值, ξ_n, η_n 是 $\mathcal{A}$ 的复特征值, 其渐近表达式分别为 (2.3.20) 和 (2.3.34).

(6) 如果 $b < 0$, 那么 $\sigma(\mathcal{A})$ 的形式如下:

$$\sigma(\mathcal{A}) = \{\mu_{i2}, i \in I_2\} \cup \{\alpha_n, \overline{\alpha_n}\}_{n \in \mathbb{N}} \cup \{\beta_n, \overline{\beta_n}\}_{n \in \mathbb{N}}, \qquad (2.3.40)$$

其中, $\mu_{i2}(I_2 \subset \{1,2\})$ 代表 $\mathcal{A}$ 的实特征值, α_n, β_n 是 $\mathcal{A}$ 的复特征值, 其渐近表达式分别为 (2.3.36) 和 (2.3.38).

2.4　本征向量的非基性质

在这一部分, 我们将通过估计 Riesz 谱投影的范数, 证明算子 $\mathcal{A}$ 的广义本征向量不能构成 Hilbert 状态空间 $\mathcal{H}$ 的一组 Riesz 基.

首先, 我们来计算 $\mathcal{A}$ 的伴随算子 $\mathcal{A}^*$.

引理 2.4.1 设 $\mathcal{A}$ 是由 (2.2.4) 给出. 那么其伴随算子 $\mathcal{A}^*$ 为:

$$\begin{cases} \mathcal{A}^*(f,g,h) = (-kg + h(1), f, -h'), \\ D(\mathcal{A}^*) = \{(f,g,h) \in \mathcal{H} \mid h \in H^1(0,1), bg = h(0)\}. \end{cases} \quad (2.4.1)$$

证明: 对 $\forall\ Z_1 = (f_1, g_1, h_1) \in D(\mathcal{A})$, $Z_2 = (f_2, g_2, h_2) \in D(\mathcal{A}^*)$, 直接计算可得

$$\langle \mathcal{A}Z_1, Z_2 \rangle = \langle (g_1, -kf_1 + bh_1(0), h_1'), (f_2, g_2, h_2) \rangle$$

$$= \langle g_1, f_2 \rangle + \langle -kf_1 + bh_1(0), g_2 \rangle + \int_0^1 h_1'(x)\overline{h_2(x)}dx$$

$$= \langle g_1, f_2 \rangle + (-k)\langle f_1, g_2 \rangle + b\langle h_1(0), g_2 \rangle + h_1(1)\overline{h_2(1)}$$

$$\quad - h_1(0)\overline{h_2(0)} - \int_0^1 h_1(x)\overline{h_2'(x)}dx$$

$$= \langle f_1, -kg_2 + h_2(1) \rangle + \langle g_1, f_2 \rangle + \langle h_1(0), bg_2 - h_2(0) \rangle$$

$$\quad - \int_0^1 h_1(x)\overline{h_2'(x)}dx$$

$$= \langle f_1, -kg_2 + h_2(1) \rangle + \langle g_1, f_2 \rangle + \int_0^1 h_1(x)(-\overline{h_2'(x)})dx$$

$$= \langle Z_1, \mathcal{A}^*Z_2 \rangle.$$

因此, 伴随算子 $\mathcal{A}^*$ 即为 (2.4.1) 式. ∎

引理 2.4.2 设 $\mathcal{A}^*$ 由 (2.4.1) 式给出. 那么 $\mathcal{A}^*$ 的谱集为:

$$\sigma(\mathcal{A}^*) = \sigma_p(\mathcal{A}^*) = \overline{\sigma(\mathcal{A})} = \{\overline{\lambda} \in \mathbb{C} \mid \Delta(\lambda) = 0\}.$$

另外, 任一 $\overline{\lambda} \in \sigma(\mathcal{A}^*)$ 是几何单的, 相应的本征函数 $\psi_{\overline{\lambda}} = (f_{\overline{\lambda}}, g_{\overline{\lambda}}, h_{\overline{\lambda}})$

为

$$f_{\bar{\lambda}}(t) = \bar{\lambda}e^{\bar{\lambda}t}, \ g_{\bar{\lambda}}(t) = e^{\bar{\lambda}t}, \ h_{\bar{\lambda}}(x,t) = be^{-\bar{\lambda}(x-t)}. \tag{2.4.2}$$

证明: 根据伴随算子的谱理论, $\sigma(\mathcal{A}^*) = \overline{\sigma(\mathcal{A})}$. 类似引理 2.3.1 的证明可得, 该结论成立. ∎

下面证明 $\mathcal{A}$ 的广义本征函数不能构成 Hilbert 状态空间 $\mathcal{H}$ 的 Riesz 基.

定理 2.4.1 设 $\mathcal{A}$ 由 (2.2.4) 给出, $\lambda \in \sigma(\mathcal{A})$ 是 $\mathcal{A}$ 的简单特征值, $E(\lambda; \mathcal{A})$ 表示相应的 Riesz 谱投影. 那么 ϕ_{λ} (见 (2.3.5) 式) 和 $\psi_{\bar{\lambda}}$ (见 (2.4.2) 式) 分别是系统算子 $\mathcal{A}$ 和伴随算子 $\mathcal{A}^*$ 关于特征值 λ 的本征函数, 并且当 $\langle \phi_{\lambda}, \psi_{\bar{\lambda}} \rangle = 1$ 时,

$$E(\lambda; \mathcal{A})Z = \langle Z, \psi_{\bar{\lambda}} \rangle_{\mathcal{H}} \phi_{\lambda}, \ \forall \ Z \in \mathcal{H}.$$

进一步, 当 $\mathrm{Re}\lambda \to -\infty$, 时, Riesz 谱投影 $E(\lambda; \mathcal{A})$ 有如下的渐近估计:

$$\|E(\lambda; \mathcal{A})\|^2 \approx \frac{\left[2\mathrm{Re}\lambda(1 + |\lambda|^2) + (1 - e^{-2\mathrm{Re}\lambda})\right]}{2\mathrm{Re}\lambda|2\lambda + be^{-\lambda}|^2}$$

$$\cdot \left[2\mathrm{Re}\lambda(1 + |\lambda|^2) + b^2(1 - e^{-2\mathrm{Re}\lambda})\right]$$

$$\to +\infty.$$

因此, 我们不能够得到系统算子 $\mathcal{A}$ 的 Riesz 谱投影的范数的一致上界, 所以系统算子 $\mathcal{A}$ 的广义本征函数不能构成 Hilbert 状态空间 $\mathcal{H}$ 的一组 Riesz 基.

证明: 前两个结论是显然的. 下面估计当 $\mathrm{Re}\lambda \to -\infty$ 时, Riesz 谱投影的范数 $\|E(\lambda; \mathcal{A})\|$. 根据引理 2.3.1 和引理 2.4.2, 不妨

设

$$\phi_\lambda = k_1(\lambda)(e^{\lambda t}, \lambda e^{\lambda t}, e^{\lambda(x+t-1)}), \quad \psi_{\bar\lambda} = k_2(\lambda)(\bar\lambda e^{\bar\lambda t}, e^{\bar\lambda t}, be^{-\bar\lambda(x-t)}),$$

其中, $k_1(\lambda), k_2(\lambda) \in \mathbb{C}$ 是待定的相关系数, 且满足 $\langle \phi_\lambda, \psi_{\bar\lambda} \rangle = 1$. 于是, 直接计算可得

$$
\begin{aligned}
1 &= \langle \phi_\lambda, \psi_{\bar\lambda} \rangle \\
&= k_1(\lambda)\overline{k_2(\lambda)} \Big\langle (e^{\lambda t}, \lambda e^{\lambda t}, e^{\lambda(x+t-1)}), (\bar\lambda e^{\bar\lambda t}, e^{\bar\lambda t}, be^{-\bar\lambda(x-t)}) \Big\rangle \\
&= k_1(\lambda)\overline{k_2(\lambda)} \left(2\lambda e^{2\lambda t} + be^{2\lambda t - \lambda} \right) \\
&= k_1(\lambda)\overline{k_2(\lambda)}e^{2\lambda t} \left(2\lambda + be^{-\lambda} \right),
\end{aligned}
\tag{2.4.3}
$$

$$
\begin{aligned}
\|\phi(\lambda)\|^2 &= |k_1(\lambda)|^2 \left(e^{2t\mathrm{Re}\lambda} + |\lambda|^2 e^{2t\mathrm{Re}\lambda} + \int_0^1 e^{2\mathrm{Re}\lambda(x+t-1)}dx \right) \\
&= |k_1(\lambda)|^2 e^{2t\mathrm{Re}\lambda} \left(1 + |\lambda|^2 + \frac{1-e^{-2Re\lambda}}{2\mathrm{Re}\lambda} \right),
\end{aligned}
\tag{2.4.4}
$$

以及

$$
\begin{aligned}
\|\psi(\bar\lambda)\|^2 &= |k_2(\lambda)|^2 \left(|\lambda|^2 e^{2t\mathrm{Re}\lambda} + e^{2t\mathrm{Re}\lambda} + \int_0^1 b^2 e^{-2\mathrm{Re}\lambda(x-t)}dx \right) \\
&= |k_2(\lambda)|^2 e^{2t\mathrm{Re}\lambda} \left(1 + |\lambda|^2 + b^2\frac{1-e^{-2Re\lambda}}{2\mathrm{Re}\lambda} \right).
\end{aligned}
\tag{2.4.5}
$$

那么,

$$
\begin{aligned}
\|E(\lambda; \mathcal{A})\|^2 &= \|\phi(\lambda)\|^2\|\phi(\lambda)\|^2 \\
&= |k_1(\lambda)|^2|k_2(\lambda)|^2 e^{4t\mathrm{Re}\lambda} \left(1 + |\lambda|^2 + \frac{1-e^{-2\mathrm{Re}\lambda}}{2\mathrm{Re}\lambda} \right) \\
&\quad \cdot \left(1 + |\lambda|^2 + b^2\frac{1-e^{-2\mathrm{Re}\lambda}}{2\mathrm{Re}\lambda} \right)
\end{aligned}
$$

$$= \frac{1}{e^{4t\mathrm{Re}\lambda}|2\lambda + be^{-\lambda}|^2} e^{4t\mathrm{Re}\lambda} \left(1 + |\lambda|^2 + \frac{1 - e^{-2\mathrm{Re}\lambda}}{2\mathrm{Re}\lambda}\right)$$

$$\cdot \left(1 + |\lambda|^2 + b^2 \frac{1 - e^{-2\mathrm{Re}\lambda}}{2\mathrm{Re}\lambda}\right)$$

$$= \frac{1}{|2\lambda + be^{-\lambda}|^2} \left(1 + |\lambda|^2 + \frac{1 - e^{-2\mathrm{Re}\lambda}}{2\mathrm{Re}\lambda}\right) \left(1 + |\lambda|^2 + b^2 \frac{1 - e^{-2\mathrm{Re}\lambda}}{2\mathrm{Re}\lambda}\right)$$

$$\geq \frac{1}{2(|\lambda|^2 + |b|^2 e^{-2\mathrm{Re}\lambda})} \left(1 + |\lambda|^2 + \frac{1 - e^{-2\mathrm{Re}\lambda}}{2\mathrm{Re}\lambda}\right)$$

$$\cdot \left(1 + |\lambda|^2 + b^2 \frac{1 - e^{-2\mathrm{Re}\lambda}}{2\mathrm{Re}\lambda}\right)$$

$$= \frac{\left[2\mathrm{Re}\lambda(1 + |\lambda|^2) + (1 - e^{-2\mathrm{Re}\lambda})\right]\left[2\mathrm{Re}\lambda(1 + |\lambda|^2) + b^2(1 - e^{-2\mathrm{Re}\lambda})\right]}{4\mathrm{Re}\lambda\left(|\lambda|^2 + |b|^2 e^{-2\mathrm{Re}\lambda}\right)}$$

$$\to +\infty, \quad \text{当 } \mathrm{Re}\lambda \to -\infty \text{ 时}.$$

最终, 我们得到 $\|E(\lambda; \mathcal{A})\|$ 的近似估计:

$$\|E(\lambda; \mathcal{A})\| = \|\phi_\lambda\| \cdot \|\psi_{\overline{\lambda}}\| \to +\infty, \quad \text{当 } \mathrm{Re}\lambda \to -\infty \text{ 时}.$$

因此, 当 $\mathrm{Re}\lambda \to -\infty$ 时, $\|E(\lambda; \mathcal{A})\|$ 没有一致上界. 从而系统算子的广义本征向量不能构成 Hilbert 状态空间的一组 Riesz 基. ∎

2.5 谱确定增长条件和指数稳定性

本节主要研究系统 (2.2.5) 的谱确定增长条件, 这在无穷维系统中是最困难的问题之一. 我们的证明主要基于文献 [63] 中的推论 3.40, 该方法已经成功用于解决带有记忆项的热方程, 见文献 [92].

引理 2.5.1 设 $T(t)$ 是 Hilbert 空间 $\mathcal{H}$ 上的 C_0-半群, 其生成

元为 $\mathcal{A}$. 设 $\omega(\mathcal{A})$ 是 $T(t)$ 的增长阶,

$$s(\mathcal{A}) := \sup\left\{ \mathrm{Re}\lambda \mid \lambda \in \sigma(\mathcal{A}) \right\}$$

是 $\mathcal{A}$ 的谱界. 那么,

$$\omega(\mathcal{A}) = \inf\left\{ \omega > s(\mathcal{A}) \ \Big| \ \sup_{\tau \in \mathbb{R}} \| R(\sigma + i\tau, \mathcal{A}) \| < M_\sigma < \infty, \ \forall\, \sigma \geq \omega \right\}.$$

由于证明的需要, 我们将文献 [80] (或 [49]) 中的引理 1.2 陈述如下.

引理 2.5.2 设

$$D(\lambda) = 1 + \sum_{i=1}^{n} Q_i(\lambda) e^{\alpha_i \lambda},$$

其中, Q_i 是关于 λ 的多项式, α_i 是复数, n 是正整数. 那么, 对所有的位于以 $D(\cdot)$ 的根为圆心, 以 $\varepsilon > 0$ 为半径的圆之外的点 λ 来讲, 存在与 ε 有关的常数 $C(\varepsilon)$, 使得

$$|D(\lambda)| \geq C(\varepsilon) > 0.$$

定理 2.5.1 设 $\mathcal{A}$ 是由 (2.2.4) 式给出. 那么, 谱确定增长条件成立, 即: $s(\mathcal{A}) = \omega(\mathcal{A})$.

证明: 根据引理 2.5.1, 我们仅需证明对任意的 $\lambda \neq 0$ 且 $\lambda = \alpha + i\beta$, 其中, $\alpha \geq \omega > s(\mathcal{A})$, $\beta \in \mathbb{R}$, 存在常数 M_α 使得

$$\sup_{\beta \in \mathbb{R}} \| R(\alpha + i\beta, \mathcal{A}) \| \leq M_\alpha < \infty. \tag{2.5.1}$$

设 $\lambda = \alpha + i\beta \in \mathbb{C}$, 其中, $\alpha \geq \omega > s(\mathcal{A})$, $\beta \in \mathbb{R}$, 那么 $\lambda \in \rho(\mathcal{A})$. 根据引理 2.3.2, 对 $\forall\, \tilde{Z} = (\tilde{f}, \tilde{g}, \tilde{h}) \in \mathcal{H}$, 预解方程

$Z = R(\lambda, \mathcal{A})\tilde{Z} = (f, g, h) \in D(\mathcal{A})$ 的解由 (2.3.6) 式给出. 为了方便讨论, 我们将其写在下面:

$$\begin{cases} f = \dfrac{\lambda\tilde{f} + \tilde{g} + b\displaystyle\int_0^1 \widetilde{h}(r)e^{-\lambda r}dr}{\Delta(\lambda)}, \\[4mm] g = \dfrac{(be^{-\lambda} - k)\tilde{f} + \lambda\tilde{g} + \lambda b\displaystyle\int_0^1 \widetilde{h}(r)e^{-\lambda r}dr}{\Delta(\lambda)}, \\[4mm] h = \dfrac{\lambda\tilde{f} + \tilde{g} + b\displaystyle\int_0^1 \widetilde{h}(r)e^{-\lambda r}dr}{\Delta(\lambda)}e^{\lambda(x-1)} + \displaystyle\int_x^1 \widetilde{h}(r)e^{\lambda(x-r)}dr. \end{cases}$$

根据引理 2.3.1,

$$s(\mathcal{A}) = \sup\left\{\operatorname{Re}\lambda \big| \lambda \in \sigma(\mathcal{A})\right\} = \sup\left\{\operatorname{Re}\lambda \big| \lambda \in \sigma_p(\mathcal{A})\right\}$$
$$= \sup\left\{\operatorname{Re}\lambda \big| \Delta(\lambda) = 0\right\}.$$

注意到 $\lambda = \alpha + i\beta \in \rho(\mathcal{A})$, $\lambda \neq 0$, 易知 $\Delta(\lambda) \neq 0$. 定义

$$\varepsilon_\alpha = \inf_{\lambda_n \in \sigma_p(\mathcal{A}), \beta \in \mathbb{R}} |\lambda_n - \alpha - i\beta|,$$

根据引理 2.5.2, 存在与 α 有关的正常数 $C(\varepsilon_\alpha)$ 使得

$$\left|\lambda + \frac{k}{\lambda} - \frac{be^{-\lambda}}{\lambda}\right| \geq C(\varepsilon_\alpha) > 0.$$

因此, 存在与 α 有关的正常数 $M_{1\alpha} > 0$ 使得

$$\sup_{\beta \in \mathbb{R}} \frac{1}{\left|\lambda + \dfrac{k}{\lambda} - \dfrac{be^{-\lambda}}{\lambda}\right|} \leq M_{1\alpha} < \infty.$$

注意到如下估计:

$$\int_0^1 e^{-\lambda r}e^{-\overline{\lambda}r}dr = \frac{1-e^{-2\alpha}}{2\alpha}, \quad \int_0^1 e^{\lambda(x-r)}e^{-\overline{\lambda}(x-r)}dr = \frac{e^{2\alpha x}(1-e^{-2\alpha})}{2\alpha},$$

则存在与 α 有关的正常数 $M_{2\alpha}, M_{3\alpha}$ 使得

$$\sup_{\beta \in \mathbb{R}}\int_0^1 |e^{-\lambda r}|^2 dr \le M_{2\alpha} < \infty, \quad \sup_{\beta \in \mathbb{R}}\int_0^1 |e^{\lambda(x-r)}|^2 dr \le M_{3\alpha} < \infty.$$

注意到

$$\left| \frac{be^{-\lambda}-k}{\lambda} \right| \le \frac{|b|e^{-\alpha}+|k|}{|\alpha|} \doteq M_{4\alpha},$$

$$\left| e^{(\alpha+i\beta)(x-1)} \right| = e^{\alpha(x-1)} \le 1 + e^{-\alpha} \doteq M_{5\alpha},$$

因此,

$$|f|^2 = \left| \frac{\lambda\tilde{f} + \tilde{g} + b\int_0^1 \widetilde{h}(r)e^{-\lambda r}dr}{\lambda^2 + k - be^{-\lambda}} \right|^2 = \left| \frac{\tilde{f} + \dfrac{\tilde{g}}{\lambda} + \dfrac{b\int_0^1 \widetilde{h}(r)e^{-\lambda r}dr}{\lambda}}{\lambda + \dfrac{k}{\lambda} - \dfrac{be^{-\lambda}}{\lambda}} \right|^2$$

$$\le M_{1\alpha}^2 \left| \tilde{f} + \frac{\tilde{g}}{\lambda} + \frac{b\int_0^1 \widetilde{h}(r)e^{-\lambda r}dr}{\lambda} \right|^2$$

$$\le M_{1\alpha}^2 \left(|\tilde{f}| + \frac{\tilde{g}}{|\alpha|} + \frac{|b|\int_0^1 \widetilde{h}(r)e^{-\lambda r}dr}{|\alpha|} \right)^2$$

$$\leq 2M_{1\alpha}^2 \left[\left(|\tilde{f}| + \frac{|\tilde{g}|}{|\alpha|} \right)^2 + \frac{|b|^2 \left(\int_0^1 |\widetilde{h}(r)e^{-\lambda r}|dr \right)^2}{|\alpha|^2} \right]$$

$$\leq 2M_{1\alpha}^2 \left[2\left(|\tilde{f}|^2 + \frac{|\tilde{g}|^2}{|\alpha|^2} \right) + \frac{|b|^2 \cdot \int_0^1 |\widetilde{h}(r)|^2 dr \cdot \int_0^1 |e^{-\lambda r}|^2 dr}{|\alpha|^2} \right]$$

$$\leq 4M_{1\alpha}^2 |\tilde{f}|^2 + \frac{4M_{1\alpha}^2}{|\alpha|^2} |\tilde{g}|^2 + \frac{2|b|^2 M_{1\alpha}^2 M_{2\alpha}}{|\alpha|^2} \int_0^1 |\tilde{h}(r)|^2 dr,$$

$$|g|^2 = \left| \frac{(be^{-\lambda} - k)\tilde{f} + \lambda \tilde{g} + \lambda b \int_0^1 \widetilde{h}(r)e^{-\lambda r} dr}{\lambda^2 + k - be^{-\lambda}} \right|^2$$

$$= \left| \frac{\dfrac{be^{-\lambda} - k}{\lambda}\tilde{f} + \tilde{g} + b \int_0^1 \widetilde{h}(r)e^{-\lambda r} dr}{\lambda + \dfrac{k}{\lambda} - \dfrac{be^{-\lambda}}{\lambda}} \right|^2$$

$$\leq M_{1\alpha}^2 \left(\left| \frac{be^{-\lambda} - k}{\lambda} \right| |\tilde{f}| + |\tilde{g}| + |b| \left| \int_0^1 \widetilde{h}(r)e^{-\lambda r} dr \right| \right)^2$$

$$\leq M_{1\alpha}^2 \left(M_{4\alpha}|\tilde{f}| + |\tilde{g}| + |b| \left| \int_0^1 \widetilde{h}(r)e^{-\lambda r} dr \right| \right)^2$$

$$\leq 2M_{1\alpha}^2 \left[\left(M_{4\alpha}|\tilde{f}| + |\tilde{g}| \right)^2 + |b|^2 \left(\int_0^1 |\widetilde{h}(r)e^{-\lambda r}|dr \right)^2 \right]$$

$$\leq 2M_{1\alpha}^2 \left(2M_{4\alpha}^2 |\tilde{f}|^2 + 2|\tilde{g}|^2 + |b|^2 M_{2\alpha} \int_0^1 |\widetilde{h}(r)|^2 dr \right)$$

$$= 4M_{1\alpha}^2 M_{4\alpha}^2 |\tilde{f}|^2 + 4M_{1\alpha}^2 |\tilde{g}|^2 + 2M_{1\alpha}^2 M_{2\alpha}|b|^2 \int_0^1 |\widetilde{h}(r)|^2 dr,$$

且

$$
\begin{aligned}
|h|^2 &= \left| f \cdot e^{\lambda(x-1)} + \int_x^1 \widetilde{h}(r) e^{\lambda(x-r)} dr \right|^2 \\
&\leq 2 \left[|f|^2 |e^{\lambda(x-1)}|^2 + \left(\int_0^1 |\widetilde{h}(r) e^{\lambda(x-r)}| dr \right)^2 \right] \\
&\leq 2|e^{\alpha(x-1)}|^2 |f|^2 + 2M_{3\alpha} \int_0^1 |\widetilde{h}(r)|^2 dr \\
&\leq 2M_{5\alpha}^2 |f|^2 + 2M_{3\alpha} \int_0^1 |\widetilde{h}(r)|^2 dr \\
&\leq 8M_{1\alpha}^2 M_{5\alpha}^2 |\tilde{f}|^2 + \frac{8M_{1\alpha}^2 M_{5\alpha}^2}{|\alpha|^2} |\tilde{g}|^2 \\
&\quad + \left(\frac{4|b|^2 M_{1\alpha}^2 M_{2\alpha} M_{5\alpha}^2}{|\alpha|^2} + 2M_{3\alpha} \right) \int_0^1 |\widetilde{h}(r)|^2 dr.
\end{aligned}
$$

综上, 存在与 α 有关的正常数

$$
\begin{aligned}
M_\alpha = \max \Big\{ \ & 4M_{1\alpha}^2 + 4M_{1\alpha}^2 M_{4\alpha}^2 + 8M_{1\alpha}^2 M_{5\alpha}^2, \\
& \frac{4M_{1\alpha}^2}{|\alpha|^2} + 4M_{1\alpha}^2 + \frac{8M_{1\alpha}^2 M_{5\alpha}^2}{|\alpha|^2}, \\
& \frac{2|b|^2 M_{1\alpha}^2 M_{2\alpha}}{|\alpha|^2} (1 + 2M_{5\alpha}^2) + 2M_{1\alpha}^2 M_{2\alpha} |b|^2 + 2M_{3\alpha} \Big\}
\end{aligned}
$$

使得

$$
\begin{aligned}
\|Z\|^2 &= |f|^2 + |g|^2 + \int_0^1 |h(x)|^2 dx \\
&\leq M_\alpha \left(|\tilde{f}|^2 + |\tilde{g}|^2 + \int_0^1 |\tilde{h}(x)|^2 dx \right) = M_\alpha \|\tilde{Z}\|^2 < \infty.
\end{aligned}
$$

故 $\sup_{\beta \in \mathbb{R}} \|Z\| \leq \sqrt{M_\alpha} \|\tilde{Z}\| < \infty$, 即 (2.5.1) 式成立. ∎

下述定理给出了系统 (2.2.5) 的指数稳定性结论.

定理 2.5.2 设 $\mathcal{A}$ 由 (2.2.4) 式给出, 且条件 (2.1.11) 成立. 那么由系统算子 $\mathcal{A}$ 生成的半群 $e^{\mathcal{A}t}$ 是指数稳定的, 也就是说, 存在常数 $M > 0$ 和 $\omega > 0$ 使得

$$\|e^{\mathcal{A}t}\| \leq Me^{-\omega t}.$$

证明: 由于定理 2.5.1 已经建立了谱确定增长条件, 因此 $e^{\mathcal{A}t}$ 的指数稳定性主要取决于系统算子 $\mathcal{A}$ 的谱的分布. 由于条件 (2.1.11) 成立, 故

$$\mathrm{Re}\lambda < 0, \quad \forall\, \lambda \in \sigma(\mathcal{A}),$$

因此, $e^{\mathcal{A}t}$ 指数稳定. ∎

2.6 数值应用

在这一部分, 我们研究具有时滞位置反馈控制的单摆系统

$$\ddot{\theta}(t) + k\theta(t) = b\theta(t-1) \tag{2.6.1}$$

的稳定性, 并进行数值模拟. 假设初始条件为 $\theta(0) = 1, \theta'(0) = 1$. 模拟结果表明, 如果参数 (k, b) 满足 (2.1.11), 那么系统 (2.6.1) 的状态收敛到 0, 并且, 参数 (k, b) 的取值越靠近图 2.4 的子区域的边界, 系统状态的收敛速度越慢, 如图 2.6, 图 2.7 所示.

2.7 本章小结

时滞 ODE 系统的渐近稳定性分析大多采用的是频域分析方法, 如文献 [2, 62, 83]. 本章将时滞 ODE 系统看作是一个 PDE–ODE 无穷维耦合系统, 这一处理方式首次在文献 [101] 中提出, 之后在文

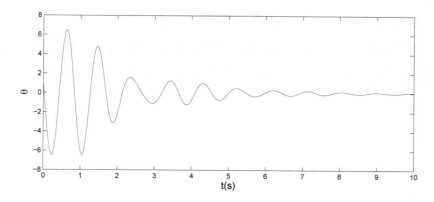

图 2.6 $k = 6\pi^2, b = \pi^2$ 时, 系统 (2.6.1) 的状态在区间 (0, 10s) 上的收敛性

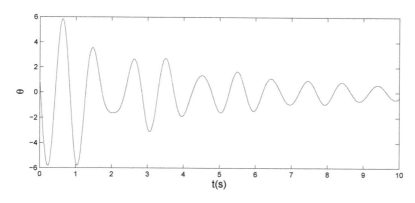

图 2.7 $k = 6\pi^2, b = 1.5\pi^2$ 时, 系统 (2.6.1) 的状态在区间 (0, 10s) 上的收敛性

献 [25, 26, 41–45, 88, 89, 93, 121] 中广泛使用, 开辟了研究时滞问题的新视角.

本章将 PDP 控制器下的单摆系统改写为一个 PDE–ODE 无穷维耦合系统, 二阶 ODE 和双曲 PDE 通过边界连接耦合在一起. 采用算子半群理论和谱分析方法研究其反馈控制与指数镇定问题, 给出了系统算子的特征值的渐近表达式, 验证了谱确定增长条件成立. 本章讨论的 ODE 系统为二阶单摆系统, 我们可以进一步考虑 n 阶 ODE 和双曲 PDE 通过边界连接所构成的无穷维耦合系统的镇定与控制问题, 可望给出系统指数稳定与系统参数之间的关系.

第三章　具有两个时滞的倒立摆系统的指数稳定性

3.1　模型的建立

根据第二章引言, 我们知道, 倒立摆系统在外部扭矩 $u(t)$ 下的运动方程为

$$\ddot{y}(t) - \frac{g}{l}y(t) = u(t). \tag{3.1.1}$$

由于时滞现象是普遍存在的, 因此, 很自然地, 所施加的外部控制项 $u(t)$ 本身亦可能含有时滞, 也就是说, 系统 (3.1.1) 变为如下形式:

$$\ddot{y}(t) - \frac{g}{l}y(t) = u(t - \tau). \tag{3.1.2}$$

如果利用 PDP 控制器

$$u(t) = \hat{a}y(t) + \hat{b}y(t - \tau), \tag{3.1.3}$$

则系统 (3.1.2)–(3.1.3) 可改写为

$$\ddot{y}(t) + ky(t) = ay(t - 1) + by(t - 2), \tag{3.1.4}$$

其中, $k = -\frac{\tau^2 g}{l}\ (< 0), a = \tau^2\hat{a}, b = \tau^2\hat{b}$. 对于系统 (3.1.4), 文 [2] 给出了该系统渐近稳定的充要条件:

$$k > -1,\ -k < b < \left(\frac{\pi}{2}\right)^2 - k,\ -2b\cos\sqrt{b+k} < a < k - b. \tag{3.1.5}$$

从条件 $k > -1$ 容易得知, 一定存在着形如 (3.1.3) 的反馈使得系统 (3.1.4) 渐近稳定当且仅当时滞 τ 满足

$$\tau < \sqrt{l/g}. \tag{3.1.6}$$

59

控制器本身具有时滞的现象出现在许多生物系统中. 比如, 把一根细棍子放在手指上, 它的运动可由形如 (3.1.2) 的方程来描述, 其反馈行为源于人类复杂的神经肌肉系统. 在平衡行为中, 人类的反应时滞大约为 0.1 秒, 那么由 (3.1.6) 可得, 将一根长度小于 10 cm 的棍子达到平衡状态是一件不可能完成的事情. 这一点可以由人们的亲身实验得以验证.

本章利用算子半群理论和谱分析方法, 建立系统 (3.1.4) 的指数稳定性. 3.2 节首先将系统 (3.1.4) 改写为一个 PDE–ODE 无穷维耦合系统, 并将其转化为抽象发展方程的形式, 进一步利用算子半群理论来研究系统的适定性. 3.3 节分析系统算子的特征值的渐近表达式. 3.4 节证明系统的谱确定增长条件和指数稳定性. 3.5 节进行数值仿真.

3.2 系统 (3.1.4) 的适定性

本节首先将系统 (3.1.4) 改写成一个 PDE–ODE 无穷维耦合系统, 然后将其转化为抽象的发展方程, 再利用算子半群理论研究系统的适定性.

3.2.1 模型的重建

一阶双曲 PDE 系统

$$\begin{cases} v_t(x,t) = v_x(x,t), \ x \in (0,2), \ t > 0, \\ v(2,t) = y(t) \end{cases}$$

的解可以表示为

$$v(x,t) = y(t + x - 2).$$

由于时滞可由该 PDE 系统来描述, 因此, 时滞系统 (3.1.4) 可改写为如下形式:

$$
\begin{cases}
\ddot{y}(t) + ky(t) = av(1,t) + bv(0,t), \\
v_t(x,t) = v_x(x,t), \ x \in (0,2), \ t > 0, \\
v(2,t) = y(t).
\end{cases} \tag{3.2.1}
$$

也就是说, 系统 (3.1.4) 可看作是由二阶 ODE 和双曲 PDE 通过边界连接所构成的无穷维耦合系统, 如图 3.1 所示.

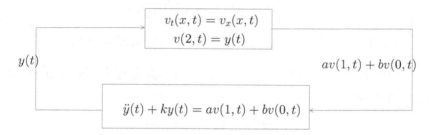

图 3.1 PDE–ODE 无穷维耦合系统

3.2.2 抽象发展方程

定义

$$
Z(t) = (y(t), \dot{y}(t), v(\cdot,t)),
$$

那么, 系统 (3.2.1) 可表示为如下形式:

$$
\begin{cases}
\dot{Z}(t) = (\dot{y}(t), -ky(t) + av(1,t) + bv(0,t), v'(\cdot,t)), \\
v(2,t) = y(t).
\end{cases}
$$

设 Hilbert 状态空间为

$$\mathcal{H} = \mathbb{C} \times \mathbb{C} \times L^2(0,2),$$

其内积定义为: 对任意的 $Z_1 = (f_1, g_1, h_1), Z_2 = (f_2, g_2, h_2) \in \mathcal{H}$,

$$\langle Z_1, Z_2 \rangle = \langle f_1, f_2 \rangle_C + \langle g_1, g_2 \rangle_C + \int_0^2 h_1(x)\overline{h_2(x)}dx, \qquad (3.2.2)$$

其中, $\langle f_1, f_2 \rangle_C = f_1\overline{f_2}$.

定义线性算子 $\mathcal{A} : \mathcal{H} \to \mathcal{H}$ 如下:

$$\begin{cases} \mathcal{A}(f, g, h) = (g, -kf + ah(1) + bh(0), h'), \\ D(\mathcal{A}) = \{(f, g, h) \in \mathcal{H} \mid h \in H^1(0,2), h(2) = f\}. \end{cases} \qquad (3.2.3)$$

从而, 系统 (3.2.1) 可进一步写成 Hilbert 状态空间 $\mathcal{H}$ 上的抽象发展方程的形式:

$$\begin{cases} \dot{Z}(t) = \mathcal{A}Z(t), \ t > 0, \\ Z(0) = Z_0. \end{cases} \qquad (3.2.4)$$

3.2.3 适定性研究

下面我们给出两个关于系统算子 $\mathcal{A}$ 的性质的引理.

引理 3.2.1 已知 $\mathcal{A}$ 由 (3.2.3) 式给出, 且对任意的 $Z_1 = (f_1, g_1, h_1), Z_2 = (f_2, g_2, h_2) \in \mathcal{H}$, 定义一个新的内积:

$$\langle Z_1, Z_2 \rangle_1 = \langle f_1, f_2 \rangle_{\mathbb{C}} + \langle g_1, g_2 \rangle_{\mathbb{C}} + \int_0^1 q_1(s) \langle h_1(s), h_2(s) \rangle_{\mathbb{C}} \, ds$$

$$+ \int_1^2 q_2(s) \langle h_1(s), h_2(s) \rangle_{\mathbb{C}} \, ds, \qquad (3.2.5)$$

其中,

$$\begin{cases} q_1(s) = b^2(2-s), \ s \in [0,1], \\ q_2(s) = a^2(s-2)^2 + b^2, \ s \in [1,2] \end{cases} \tag{3.2.6}$$

是两个有界正函数, 且在定义区间上单调递减. 那么 $\langle \cdot, \cdot \rangle_1$ 是 $\mathcal{H}$ 上的一个内积, 且由它诱导的范数等价于由 (3.2.2) 式所定义的范数. 进一步, 存在一个正常数 $M > 0$ 使得

$$\mathrm{Re}\langle \mathcal{A}Z, Z \rangle_1 \le M\langle Z, Z \rangle_1, \quad \forall Z \in D(\mathcal{A}). \tag{3.2.7}$$

因此, $\mathcal{A} - M$ 在 $\mathcal{H}$ 上是耗散的.

证明: 第一个结论是显然的, 所以我们仅证 (3.2.7) 式.

对 $\forall Z = (f, g, h) \in D(\mathcal{A})$,

$$\langle \mathcal{A}Z, Z \rangle_1 = \langle (g, -kf + ah(1) + bh(0), h'), (f, g, h) \rangle_1$$

$$= g\bar{f} - kf\bar{g} + ah(1)\bar{g} + bh(0)\bar{g} + \int_0^1 q_1(s)\langle h'(s), h(s) \rangle_{\mathbb{C}} ds$$

$$+ \int_1^2 q_2(s)\langle h'(s), h(s) \rangle_{\mathbb{C}} ds.$$

直接计算可得

$$\mathrm{Re}\langle \mathcal{A}Z, Z \rangle_1 \le |g||f| + |-k||g||f| + |a||g||h(1)| + |b||g||h(0)|$$

$$+ \frac{1}{2}\int_0^1 q_1(s)\frac{d}{ds}||h(s)||^2 ds + \frac{1}{2}\int_1^2 q_2(s)\frac{d}{ds}||h(s)||^2 ds$$

$$\le |g||f| + |-k||g||f| + |a||g||h(1)| + |b||g||h(0)|$$

$$+ \frac{1}{2}\left[q_1(s)||h(s)||^2 \big|_0^1 - \int_0^1 q_1'(s)||h(s)||^2 ds \right]$$

$$+\frac{1}{2}\left[q_2(s)||h(s)||^2|_1^2 - \int_1^{1+\sigma} q_2'(s)||h(s)||^2 ds\right]$$

$$= |g||f| + |-k||g||f| + |a||g||h(1)| + |b||g||h(0)|$$

$$+\frac{1}{2}q_1(1)|h(1)|^2 - \frac{1}{2}q_1(0)|h(0)|^2 + \int_0^1 \frac{-q_1'(s)}{2q_1(s)}q_1(s)||h(s)||^2 ds$$

$$+\frac{1}{2}q_2(2)|h(2)|^2 - \frac{1}{2}q_2(1)|h(1)|^2 + \int_1^2 \frac{-q_2'(s)}{2q_2(s)}q_2(s)||h(s)||^2 ds$$

$$\leq \frac{1}{2}\left(|f|^2 + |g|^2\right) + \frac{1}{2}\left(k^2|f|^2 + |g|^2\right)$$

$$+\frac{1}{2}\left(a^2|h(1)|^2 + |g|^2\right) + \frac{1}{2}\left(b^2|h(0)|^2 + |g|^2\right)$$

$$+\frac{1}{2}q_1(1)|h(1)|^2 - \frac{1}{2}q_1(0)|h(0)|^2 + \int_0^1 \frac{-q_1'(s)}{2q_1(s)}q_1(s)||h(s)||^2 ds$$

$$+\frac{1}{2}q_2(2)|h(2)|^2 - \frac{1}{2}q_2(1)|h(1)|^2 + \int_1^2 \frac{-q_2'(s)}{2q_2(s)}q_2(s)||h(s)||^2 ds$$

$$= \left(\frac{1}{2} + \frac{1}{2}k^2 + \frac{1}{2}q_2(2)\right)|f|^2 + 2|g|^2$$

$$+ \left(\frac{1}{2}a^2 + \frac{1}{2}q_1(1) - \frac{1}{2}q_2(1)\right)|h(1)|^2$$

$$+ \left(\frac{1}{2}b^2 - \frac{1}{2}q_1(0)\right)|h(0)|^2 + \int_0^1 \frac{-q_1'(s)}{2q_1(s)}q_1(s)||h(s)||^2 ds$$

$$+ \int_1^2 \frac{-q_2'(s)}{2q_2(s)}q_2(s)||h(s)||^2 ds.$$

从 (3.2.6) 式可以看出,

$$q_2(2) = b^2, \ \frac{1}{2}a^2 + \frac{1}{2}q_1(1) - \frac{1}{2}q_2(1) = 0, \ \frac{1}{2}b^2 - \frac{1}{2}q_1(0) < 0,$$

且

$$
\begin{cases}
\dfrac{-q_1'(s)}{2q_1(s)} = \dfrac{b^2}{b^2(2-s)} \le \dfrac{1}{2}, \ s \in [0,1], \\[4mm]
\dfrac{-q_2'(s)}{2q_2(s)} = \dfrac{-2a^2(s-2)}{2a^2(s-2)^2+2b^2} \le \dfrac{a^2}{b^2}, \ s \in [1,2].
\end{cases}
$$

令

$$
M = \max\left\{ \frac{1+b^2+k^2}{2}, \ 2, \ \frac{2a^2}{b^2} \right\}.
$$

那么

$$
\mathrm{Re}\langle AZ, Z\rangle_1 \le M\left[|f|^2 + |g|^2 + \int_0^1 q_1(s)\|h(s)\|^2 ds \right.
$$
$$
\left. + \int_1^2 q_2(s)\|h(s)\|^2 ds \right] = M\langle Z, Z\rangle_1.
$$

因此 (3.2.7) 式证得. ■

引理 3.2.2 已知 $\mathcal{A}$ 由 (3.2.3) 式给出, 设

$$
\Delta(\lambda) = \lambda^2 + k - ae^{-\lambda} - be^{-2\lambda}.
$$

如果 $\Delta(\lambda) \ne 0$, 那么 $\lambda \in \rho(\mathcal{A})$, $\mathcal{A}$ 的预解集. 进而, $\mathcal{A}$ 的预解式 $(\lambda - \mathcal{A})^{-1}$ 是紧的, 且有如下表达式:

$$
(\lambda - \mathcal{A})^{-1}\tilde{Z} = Z = (f, g, h), \quad \forall \tilde{Z} = (\tilde{f}, \tilde{g}, \tilde{h}) \in \mathcal{H},
$$
$$
f = \Delta(\lambda)^{-1}\left[\lambda\tilde{f} + \tilde{g} + a\int_1^2 e^{\lambda(1-r)}\tilde{h}(r)dr + b\int_0^2 e^{-\lambda r}\tilde{h}(r)dr\right],
$$
$$
g = \Delta(\lambda)^{-1}\Big[(-k + ae^{-\lambda} + be^{-2\lambda})\tilde{f} + \lambda\tilde{g} \qquad\qquad (3.2.8)
$$
$$
+\lambda a\int_1^2 e^{\lambda(1-r)}\tilde{h}(r)dr + \lambda b\int_0^2 e^{-\lambda r}\tilde{h}(r)dr\Big],
$$
$$
h(s) = e^{\lambda(s-2)}f + \int_s^2 e^{\lambda(s-r)}\tilde{h}(r)dr.
$$

特别地,

$$\sigma(\mathcal{A}) = \sigma_p(\mathcal{A}) = \{\lambda \in \mathbb{C} \mid \Delta(\lambda) = 0\}.$$

证明: 根据预解方程

$$(\lambda - \mathcal{A})Z = \tilde{Z}, \quad \text{其中}, Z = (f, g, h) \in D(\mathcal{A}), \; \tilde{Z} = (\tilde{f}, \tilde{g}, \tilde{h}) \in \mathcal{H}$$

可得

$$\begin{cases} \lambda f - g = \tilde{f}, \\ \lambda g - (-kf + ah(1) + bh(0)) = \tilde{g}, \\ \lambda h - h' = \tilde{h}, \\ h(2) = f. \end{cases} \tag{3.2.9}$$

由 (3.2.9) 的后两个式子可得

$$h(s) = e^{\lambda(s-2)}f + \int_s^2 e^{\lambda(s-r)}\tilde{h}(r)dr.$$

将其代入 (3.2.9) 的前两式中可得, 当 $\Delta(\lambda) \neq 0$ 时,

$$f = \Delta(\lambda)^{-1}\left[\lambda\tilde{f} + \tilde{g} + a\int_1^2 e^{\lambda(1-r)}\tilde{h}(r)dr + b\int_0^2 e^{-\lambda r}\tilde{h}(r)dr\right],$$

$$g = \Delta(\lambda)^{-1}\left[(-k + ae^{-\lambda} + be^{-2\lambda})\tilde{f} + \lambda\tilde{g} + \lambda a\int_1^2 e^{\lambda(1-r)}\tilde{h}(r)dr \right.$$
$$\left. +\lambda b\int_0^2 e^{-\lambda r}\tilde{h}(r)dr\right].$$

从而, $(f, g, h) \in D(\mathcal{A})$ 被唯一确定. 因此, 该引理的结论成立. ∎

根据引理 3.2.1 和引理 3.2.2, 我们可以得到系统 (3.2.4) 的适定性.

定理 3.2.1 已知 $\mathcal{A}$ 由 (3.2.3) 式给出. 那么 $\mathcal{A}$ 生成了 $\mathcal{H}$ 上的一个 C_0 半群.

证明: 由引理 3.2.1 可知, $\mathcal{A} - M$ 是耗散的; 由引理 3.2.2 可知, 右半复平面属于 $\mathcal{A} - M$ 的预解集. 因此, 根据 Lumer-Phillips 定理, $\mathcal{A} - M$ 生成 $\mathcal{H}$ 上的一个 C_0 压缩半群 $e^{(\mathcal{A}-M)t}$. 进而, 根据 C_0 半群的有界扰动定理可知, $\mathcal{A}$ 生成了 $\mathcal{H}$ 上的一个 C_0 半群(见文献 [70]). ∎

3.3 系统算子的谱分析

本节主要分析系统算子 $\mathcal{A}$ 的谱的分布, 诸如文献 [31] 中的分析方法会被用到. 根据引理 3.2.2 得

$$\lambda \in \sigma(\mathcal{A}) \text{ 当且仅当 } \Delta(\lambda) = 0.$$

因此, 我们只需要讨论 $\Delta(\lambda) = 0$ 的根的分布. 根据文献 [2] 中的命题 2, 我们可直接得到如下引理.

引理 3.3.1 设 $k < 0$, $\lambda \in \sigma(\mathcal{A})$. 那么, λ 具有负实部, i.e. $\mathrm{Re}\lambda < 0$, 当且仅当

$$k > -1, \ -k < b < (\frac{\pi}{2})^2 - k, \ -2b\cos\sqrt{b+k} < a < k - b. \quad (3.3.1)$$

进一步, 具有正实部的根的稳定性区域可以由图 3.2 来描述, 其中, 在每个区域上的粗体数字表示的是具有正实部的根的个数, γ 表示的是 $a = -2b\cos\sqrt{b+k}$ 对应的曲线.

为了简便, 以下总记

$$h(\lambda) = \Delta(\lambda) = \lambda^2 + k - ae^{-\lambda} - be^{-2\lambda}. \quad (3.3.2)$$

引理 3.3.2 设 $h(\lambda)$ 由 (3.3.2) 式给出. 那么 $h(\lambda)$ 至多有四个

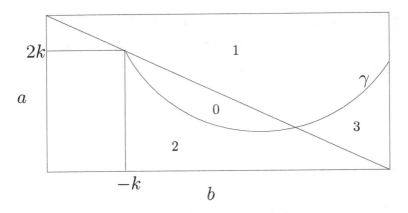

图 3.2 $b-a$ 平面上的稳定性区域.

重根, 这些重根满足下述多项式方程

$$4b\lambda^4 + 8b\lambda^3 + \left[8bk + 4b + a^2\right]\lambda^2 + \left[8bk + 2a^2\right]\lambda + 4bk^2 + a^2k = 0.$$
(3.3.3)

   证明: 显然,

$$h'(\lambda) = 2\lambda + ae^{-\lambda} + 2be^{-2\lambda}.$$
(3.3.4)

如果 λ 是 $h(\lambda)$ 的一个重根, 那么必有 $h(\lambda) = h'(\lambda) = 0.$ 从而,

$$\begin{cases} ae^{-\lambda} = 2\left[\lambda^2 + \lambda + k\right], \\ be^{-2\lambda} = -\left[\lambda^2 + 2\lambda + k\right]. \end{cases}$$
(3.3.5)

由于 $e^{-2\lambda} = (e^{-\lambda})^2$, 所以 λ 是 $h(\lambda)$ 的重根当且仅当 λ 满足下述方程:

$$4b\left(\lambda^2 + \lambda + k\right)^2 = -a^2\left(\lambda^2 + 2\lambda + k\right).$$

根据代数学基本定理, 四次代数方程在复数范围内至多有四个根. 从而 $h(\lambda)$ 在复数域内至多有四个重根. ■

68

引理 3.3.3 设 $k < 0$, $h(\lambda)$ 由 (3.3.2) 式给出, 且条件 (3.3.1) 成立. 那么 $h(\lambda)$ 至多有四个实根, 且每个实根都小于零.

证明: 设 $\lambda = d \in \mathbb{R}$. 由 (3.3.2) 可得

$$h(d) = d^2 + k - ae^{-d} - be^{-2d}.$$

因为条件 (3.3.1) 成立, 故由引理 3.3.1 可得, $-1 < k < 0, b > 0, a < 0$, 且 $h(\lambda)$ 的每一个实根都小于零. 令

$$f(d) = e^{2d}h(d) = d^2 e^{2d} + ke^{2d} - ae^d - b.$$

那么

$$f'(d) = 2(d^2 + d + k)e^{2d} - ae^d.$$

不妨设

$$g(d) = e^{-d}f'(d) = 2(d^2 + d + k)e^d - a,$$

那么 $g(d)$ 与 $f'(d)$ 有相同的符号. 注意到 $g'(d) = 2e^d(d^2 + 3d + k + 1)$, 那么 $g'(d)$ 有两个负实根:

$$d_i = \frac{-3 \pm \sqrt{5 - 4k}}{2}, \quad i = 1, 2.$$

从而, $g(d)$ 与 $f'(d)$ 至多有三个实根. 进而, $h(d)$ 和 $f(d)$ 至多有四个实根, 且均小于零. ∎

引理 3.3.4 设 $k < 0$, $h(\lambda)$ 由 (3.3.2) 式给出, 且条件 (3.3.1) 成立. 那么 $h(\lambda)$ 在左半开复平面上有无穷多个根 λ_n, $n \in \mathbb{N}$. 并且, 这些根满足

$$\mathrm{Re}\lambda_n \to -\infty, \quad 当 n \to \infty 时. \tag{3.3.6}$$

证明: 因为 $h(\lambda)$ 是关于 λ 的整函数, 那么在复平面上有无穷多个根. 另外, 根据引理 3.3.1, 这些根位于左半开复平面上. 因此, 如果 $|\lambda|$ 充分大, 并且 $\text{Re}\lambda$ 有界时, 我们可得

$$|h(\lambda)| \geq |\lambda|^2 - 1 - |a|e^{-\text{Re}\lambda} - be^{-2\text{Re}\lambda} > 0.$$

于是, $\text{Re}\lambda_n \to -\infty$, 当 $n \to \infty$ 时. ∎

令

$$f(\lambda) = e^{2\lambda}h(\lambda) = \lambda^2 e^{2\lambda} + ke^{2\lambda} - ae^{\lambda} - b, \qquad (3.3.7)$$

那么, $h(\lambda)$ 与 $f(\lambda)$ 有相同的零点, 研究 $h(\lambda)$ 的根的渐近分布也就是研究 $f(\lambda)$ 的根的渐近分布.

当 $\text{Re}\lambda \to -\infty$ 时, $f(\lambda)$ 有如下渐近表达式:

$$f(\lambda) = e^{2\lambda}h(\lambda) = \lambda^2 e^{2\lambda} - b + \mathcal{O}(e^{\lambda}). \qquad (3.3.8)$$

为了考察 $f(\lambda)$ 的根的渐近分布, 根据儒歇定理, 我们仅需考察如下函数:

$$\tilde{f}(\lambda) = \lambda^2 e^{2\lambda} - b. \qquad (3.3.9)$$

该函数可以分解成两个因式相乘的形式:

$$\tilde{f}(\lambda) = \left(\lambda e^{\lambda} - \sqrt{b}\right)\left(\lambda e^{\lambda} + \sqrt{b}\right), \quad b > 0. \qquad (3.3.10)$$

令

$$f_1(\lambda) = \lambda e^{\lambda} - \sqrt{b}, \quad f_2(\lambda) = \lambda e^{\lambda} + \sqrt{b}, \quad b > 0. \qquad (3.3.11)$$

接下来我们分别考察 $f_i(\lambda)(i = 1, 2)$ 的渐近根.

命题 3.3.1 设 $b > 0$, $f_1(\lambda)$ 由 (3.3.11) 式给出. 那么

$$f_1(\lambda) = \lambda e^{\lambda} - \sqrt{b}$$

的根为

$$\sigma(f_1(\lambda)) = \{\xi_n, \overline{\xi_n}\}_{n \in \mathbb{N}} \cup \{\nu_1\}, \qquad (3.3.12)$$

其中, ν_1 是 $f_1(\lambda)$ 的唯一正实根, ξ_n 的渐近表达式如下:

$$\xi_n = \left[\ln \sqrt{b} - \ln \left(2n - \frac{1}{2} \right) \pi \right] + i \left[\left(2n - \frac{1}{2} \right) \pi - \frac{\ln \left(2n - \frac{1}{2} \right) \pi}{\left(2n - \frac{1}{2} \right) \pi} \right]$$

$$+ \mathcal{O}(n^{-1}). \qquad (3.3.13)$$

证明: 首先, 我们考虑 $f_1(\lambda)$ 的实根. 设 $\nu \in \mathbb{R}$ 是 $f_1(\lambda)$ 的一个实根, 则由 $b > 0$ 以及 $f_1(\nu) = 0$ 可知, $\nu > 0$, 也就是说, $f_1(\lambda)$ 仅可能有正实根. 由于

$$f_1'(\lambda) = e^\lambda + \lambda e^\lambda > 0 \quad (\text{当 } \lambda > 0 \text{ 时})$$

以及

$$\lim_{\lambda \to 0} f_1(\lambda) = -\sqrt{b} < 0, \quad \lim_{\lambda \to +\infty} f_1(\lambda) = +\infty > 0,$$

我们可得, $f_1(\lambda)$ 仅有一个正实根, 我们把它记作 ν_1.

其次, 因为 $f_1(\lambda)$ 的复根关于实轴对称, 所以形式如同 (3.3.12) 所示. 因此, 我们只需求得 ξ_n 的渐近表达式 (3.3.13) 即可.

令 $\xi = x + iy(y > 0)$ 是 $f_1(\lambda)$ 的一个根, 则由 $f_1(\xi) = 0$ 可得

$$(x + iy)e^x(\cos y + i \sin y) = \sqrt{b},$$

即

$$e^x(x \cos y - y \sin y) = \sqrt{b} \qquad (3.3.14)$$

以及

$$e^x(x \sin y + y \cos y) = 0. \qquad (3.3.15)$$

由 (3.3.15) 可得

$$x = -\frac{y\cos y}{\sin y}. \tag{3.3.16}$$

将其代入 (3.3.14) 中得

$$e^x = -\frac{\sqrt{b}\sin y}{y}. \tag{3.3.17}$$

因为 $\sqrt{b} > 0$, $y > 0$ 以及 $e^x > 0$, 所以 $\sin y < 0$, 并且

$$y \in ((2n-1)\pi,\ 2n\pi),\quad n \in \mathbb{N}. \tag{3.3.18}$$

进而, 根据 (3.3.17),

$$x = \left[\ln\left(-\sqrt{b}\sin y\right) - \ln y\right]. \tag{3.3.19}$$

将其代入 (3.3.16) 中, 得

$$\ln\left(-\sqrt{b}\sin y\right) - \ln y + \frac{y\cos y}{\sin y} = 0.$$

令

$$g(y) = \ln\left(-\sqrt{b}\sin y\right) - \ln y + \frac{y\cos y}{\sin y},$$

那么, 由 (3.3.18) 可得

$$g'(y) = \frac{y\sin 2y - \sin^2 y - y^2}{y\sin^2 y} < 0.$$

另一方面,

$$\lim_{y\to(2n-1)\pi} g(y) = +\infty,\quad \lim_{y\to 2n\pi} g(y) = -\infty.$$

因此, 在每一个区间

$$((2n-1)\pi,\ 2n\pi),\quad n \in \mathbb{N}$$

72

上存在着唯一的根 y_n, $n \in \mathbb{N}$ 使得 $g(y_n) = 0$. 对任意的 $n \in \mathbb{N}$, 取

$$x_n = \ln \frac{-\sqrt{b} \sin y_n}{y_n}, \tag{3.3.20}$$

那么 $\xi_n = x_n + iy_n$ 是 $f_1(\lambda)$ 的根.

当 $y_n > \sqrt{b}$ 时, $x_n < 0$, 因此, 当 $n \to +\infty$ 时,

$$y_n \to +\infty, \ x_n \to -\infty. \tag{3.3.21}$$

于是, 由 (3.3.16) 以及 (3.3.17) 分别可得

$$\sin y_n = -\frac{y_n \cos y_n}{x_n} \quad \text{和} \quad \sin y_n = -\frac{e^{x_n} y_n}{\sqrt{b}}.$$

从而, 我们进一步得到

$$x_n e^{x_n} = \sqrt{b} \cos y_n. \tag{3.3.22}$$

因为 $x_n < 0$, $\sqrt{b} > 0$, 所以

$$\cos y_n < 0.$$

再结合 (3.3.18) 式可得

$$y_n \in \left((2n-1)\pi, \left(2n - \frac{1}{2} \right)\pi \right), \quad n \in \mathbb{N}. \tag{3.3.23}$$

进一步, 由 (3.3.21) 和 (3.3.22) 可得, 当 $n \to +\infty$ 时,

$$x_n e^{x_n} \to 0, \ \cos y_n \to 0, \ y_n - \left(2n - \frac{1}{2} \right)\pi \to 0.$$

因此, 我们得到了 y_n 的表达式如下:

$$y_n = \left(2n - \frac{1}{2} \right)\pi + \varepsilon_n, \quad \varepsilon_n \in \left(-\frac{\pi}{2}, 0 \right), \tag{3.3.24}$$

其中, $\varepsilon_n \to 0$, 当 $n \to +\infty$. 将其代入到 $g(y_n) = 0$ 中, 可得

$$0 = g(y_n) = \ln\sqrt{b} + \ln(-\sin y_n) - \ln y_n + \frac{y_n \cos y_n}{\sin y_n},$$

即

$$\ln\sqrt{b} + \ln(\cos\varepsilon_n) - \ln y_n + \frac{y_n \sin\varepsilon_n}{-\cos\varepsilon_n} = 0$$

且

$$\sin\varepsilon_n = \frac{\cos\varepsilon_n}{y_n}\left[\ln\sqrt{b} + \ln(\cos\varepsilon_n) - \ln y_n\right].$$

按照泰勒展开, 可得

$$\sin\varepsilon_n = -\frac{\ln y_n}{y_n} + \mathcal{O}(n^{-1}), \quad \text{当 } n \to +\infty \text{ 时.}$$

因为 $\sin\varepsilon_n = \varepsilon_n - \frac{\varepsilon_n^3}{3!} + \cdots$, 所以

$$\varepsilon_n = -\frac{\ln\left(2n - \frac{1}{2}\right)\pi}{\left(2n - \frac{1}{2}\right)\pi} + \mathcal{O}(n^{-1}).$$

因此, 根据 (3.3.24), 我们最终获得了 y_n 的渐近表达式:

$$y_n = \left(2n - \frac{1}{2}\right)\pi - \frac{\ln\left(2n - \frac{1}{2}\right)\pi}{\left(2n - \frac{1}{2}\right)\pi} + \mathcal{O}(n^{-1}). \tag{3.3.25}$$

将其代入到 (3.3.20), 我们可得 x_n 的渐近表达式:

$$x_n = \ln\sqrt{b} + \ln(-\sin y_n) - \ln y_n$$

$$= \ln\sqrt{b} + \ln\left[-\sin\left((2n - \frac{1}{2})\pi - \frac{\ln\left(2n - \frac{1}{2}\right)\pi}{\left(2n - \frac{1}{2}\right)\pi} + \mathcal{O}(n^{-1})\right)\right]$$

$$-\ln\left((2n-\frac{1}{2})\pi - \frac{\ln\left(2n-\frac{1}{2}\right)\pi}{\left(2n-\frac{1}{2}\right)\pi} + \mathcal{O}(n^{-1})\right)$$

$$= \ln\sqrt{b} - \ln\left(2n-\frac{1}{2}\right)\pi + \mathcal{O}(n^{-1}).$$

也就是说, 我们得到了 $\xi_n = x_n + iy_n$ 的渐近表达式 (3.3.13). ∎

同上述讨论类似, 我们可以推导出 $f_2(\lambda)$ 的渐近根. 因此, 我们只给出下述结论, 不作证明.

命题 3.3.2 设 $b > 0$, $f_2(\lambda)$ 由 (3.3.11) 式给出. 那么

$$f_2(\lambda) = \lambda e^\lambda + \sqrt{b}$$

的根为:

$$\sigma(f_2(\lambda)) = \{\eta_n, \overline{\eta_n}\}_{n \in \mathbb{N}} \cup \{\nu_{2j}\}, \quad j \in I_1 \subseteq \{1, 2\}, \qquad (3.3.26)$$

其中, ν_{2j} 是 $f_2(\lambda)$ 的可能的实根, I_1 是集合 $\{1, 2\}$ 的任一子集. 具体来讲,

如果 $b = e^{-2}$, $f_2(\lambda)$ 仅有一个实根 $\nu = -1$;

如果 $b > e^{-2}$, $f_2(\lambda)$ 无实根;

如果 $0 < b < e^{-2}$, $f_2(\lambda)$ 有两个负实根.

另外, η_n 有如下的渐近表达式:

$$\eta_n = \left[\ln\sqrt{b} - \ln\left(2n - \frac{3}{2}\right)\pi\right] + i\left[(2n-\frac{3}{2})\pi - \frac{\ln\left(2n-\frac{3}{2}\right)\pi}{\left(2n-\frac{3}{2}\right)\pi}\right]$$

$$+ \mathcal{O}(n^{-1}). \qquad (3.3.27)$$

注 3.3.1 从 (3.3.13) 式以及 (3.3.27) 式, 我们得到了特征值 $\{\xi_n, \overline{\xi_n}, \eta_n, \overline{\eta_n}\}$ 的渐近表达式. 从中发现, 当 $n \to \infty$ 时, 高频谱的实部趋向于负无穷大, 并且, 高频谱的实部几乎与反馈常数 b 的取值无关.

综合引理 3.3.1, 引理 3.3.2, 引理 3.3.3, 引理 3.3.4 以及命题 3.3.1 和命题 3.3.2, 我们可得出系统算子 $\mathcal{A}$ 的谱的分布情况.

定理 3.3.1 设 $\mathcal{A}$ 由 (3.2.3) 给出, 且条件 (3.3.1) 成立. 那么, 我们可得算子 $\mathcal{A}$ 的谱的下述结论:

(i) 对任意的 $\lambda \in \sigma(\mathcal{A})$, $\mathrm{Re}\lambda < 0$;

(ii) $\mathcal{A}$ 在左半开复平面上有无穷多个特征值 λ_n, $n \in \mathbb{N}$, 且当 $n \to \infty$ 时, $\mathrm{Re}\lambda_n \to -\infty$;

(iii) $\mathcal{A}$ 至多只有四个实特征值;

(iv) 算子 $\mathcal{A}$ 的谱集 $\sigma(\mathcal{A})$ 有如下形式:

$$\sigma(\mathcal{A}) = \{\mu_i, i \in I_2\} \cup \{\xi_n, \overline{\xi_n}\}_{n\in\mathbb{N}} \cup \{\eta_n, \overline{\eta_n}\}_{n\in\mathbb{N}}, \qquad (3.3.28)$$

其中, μ_i 表示算子 $\mathcal{A}$ 的实特征值, $I_2 \subset \{1,2,3,4\}$, ξ_n, η_n 是 $\mathcal{A}$ 的复特征值, 其渐近表达式分别由 (3.3.13) 和 (3.3.27) 给出;

(v) $\mathcal{A}$ 至多有四个非简单特征值.

证明: 考虑到 $\lambda \in \sigma(\mathcal{A})$ 当且仅当 λ 是 $h(\lambda)$ 的一个根, 从而结论 (i)-(iii) 可直接由引理 3.3.1, 引理 3.3.2 以及引理 3.3.3 得到. 另外, 根据儒歇定理, $f(\lambda)$ (见 (3.3.7)) 与 $\tilde{f}(\lambda)$ (见 (3.3.9)) 的根有相同的渐近表达式. 因为 $h(\lambda)$ 与 $f(\lambda)$ 有相同的根, 从而根据命题 3.3.1 和命题 3.3.2 可知, 结论 (iv) 成立.

由引理 3.2.2 可知, $\mathcal{A}$ 的每一个特征值都是几何单的. 进一步, 根据(见[63], p.148)

$$m_{(a)}(\lambda) \leq p_\lambda \cdot m_{(g)}(\lambda) = p_\lambda,$$

其中, p_λ 表示预解算子 $R(\lambda, \mathcal{A})$ 的极点的阶数, $m_{(a)}(\lambda)$ 表示特征值 λ 的代数重数, $m_{(g)}(\lambda)$ 表示特征值 λ 的几何重数. 由 (3.2.8) 式可以看出, p_λ 不超过 $\Delta(\lambda)$ 的根的重数. 另外, 在引理 3.2.1 中我们已经证明, $\Delta(\lambda)$ 的每一个根都是单根, 至多除去四个. 因此, 结论 (v) 成立. ∎

3.4 谱确定增长条件和指数稳定性

本节主要研究系统 (3.2.4) 的谱确定增长条件, 这在无穷维系统中是最困难的问题之一. 本节的证明与第二章第五部分所采用的方法类似.

定理 3.4.1 设 $\mathcal{A}$ 是由 (3.2.3) 式给出. 那么, 谱确定增长条件成立, 即: $s(\mathcal{A}) = \omega(\mathcal{A})$.

证明: 根据引理 2.5.1, 我们仅需证明对任意的 $\lambda \neq 0$ 且 $\lambda = \alpha + i\beta$, 其中, $\alpha \geq \omega > s(\mathcal{A}), \beta \in \mathbb{R}$, 存在常数 M_α 使得

$$\sup_{\beta \in \mathbb{R}} \|R(\alpha + i\beta, \mathcal{A})\| \leq M_\alpha < \infty. \qquad (3.4.1)$$

设 $\lambda = \alpha + i\beta \in \mathbb{C}$, 其中, $\alpha \geq \omega > s(\mathcal{A}), \beta \in \mathbb{R}$, 那么 $\lambda \in \rho(\mathcal{A})$. 根据引理 3.2.2 (见式子 (3.2.8)), 对 $\forall \tilde{Z} = (\tilde{f}, \tilde{g}, \tilde{h}) \in \mathcal{H}$, 存在

$$Z = R(\lambda, \mathcal{A})\tilde{Z} = (f, g, h) \in D(\mathcal{A}).$$

注意到 $\lambda \in \rho(\mathcal{A})$ 时, $\Delta(\lambda) \neq 0$, 且

$$\lambda \Delta(\lambda)^{-1} = \frac{\lambda}{\lambda^2 + k - ae^{-\lambda} - be^{-2\lambda}} = \frac{1}{\lambda + \dfrac{k}{\lambda} - \dfrac{ae^{-\lambda} + be^{-2\lambda}}{\lambda}}.$$

结合引理 3.2.2, 可得

$$s(A) = \sup\{\operatorname{Re}\lambda | \lambda \in \sigma(\mathcal{A})\} = \sup\{\operatorname{Re}\lambda | \lambda \in \sigma_p(\mathcal{A})\}$$

$$= \sup\{\operatorname{Re}\lambda | \Delta(\lambda) = 0\}.$$

令

$$\varepsilon_\alpha = \inf_{\lambda_n \in \sigma_p(\mathcal{A}), \beta \in \mathbb{R}} |\lambda_n - \alpha - i\beta|.$$

由引理 2.5.2, 存在与 α 有关的正常数 $C(\varepsilon_\alpha)$ 使得

$$\left| \lambda + \frac{k}{\lambda} - \frac{ae^{-\lambda} + be^{-2\lambda}}{\lambda} \right| \geq C(\varepsilon_\alpha) > 0.$$

因此, 存在与 α 有关的正常数 $M_{1\alpha}$ 使得

$$\sup_{\beta \in \mathbb{R}} \left| \lambda \Delta(\lambda)^{-1} \right| \leq M_{1\alpha} < \infty.$$

类似于第二章定理 2.5.1 的证明, 易得: 存在与 α 有关的正常数 M_α 使得

$$\sup_{\beta \in \mathbb{R}} \|Z\|_{\mathcal{H}}^2 \leq M_\alpha \|\tilde{Z}\|_{\mathcal{H}}^2 < \infty.$$

因此, (3.4.1) 式成立. ■

下述定理给出了系统 (3.2.4) 的指数稳定性结论.

定理 3.4.2 设 $k < 0$, $\mathcal{A}$ 由 (3.2.3) 式给出, 且条件 (3.3.1) 成立. 那么由系统算子 $\mathcal{A}$ 生成的半群 e^{At} 是指数稳定的, 也就是说,

存在常数 $M > 0$, 和 $\omega > 0$ 使得

$$\|e^{\mathcal{A}t}\| \leq Me^{-\omega t}.$$

证明: 由于定理 3.4.1 已经建立了谱确定增长条件, 因此 $e^{\mathcal{A}t}$ 的指数稳定性主要取决于系统算子 $\mathcal{A}$ 的谱的分布. 由定理 3.3.1 可知, 对 $\forall \lambda_n \in \sigma(\mathcal{A})$, 当 $n \to \infty$ 时, $\mathrm{Re}\lambda_n \to -\infty$. 因此, $e^{\mathcal{A}t}$ 指数稳定当且仅当

$$\mathrm{Re}\lambda < 0, \quad \forall \lambda \in \sigma(\mathcal{A}).$$

上式已经在定理 3.3.1 的第一个结论中证得. ∎

3.5 数值应用

在这一部分, 我们给出具有两个时滞位置反馈控制的倒立摆系统的数值模拟例子. 当 PDP 控制器本身带有时间延迟 τ 时, 受控倒立摆系统由下述方程给出:

$$\ddot{\theta}(t) - \frac{g}{l}\theta(t) = \hat{a}\theta(t - \tau) + \hat{b}\theta(t - 2\tau), \qquad (3.5.1)$$

其中, $\theta(t)$ 表示角位移, l 表示单摆长度, g 是重力加速度. 取 $g = 9.8m/s^2$, $\tau = 0.143s$, $l = 0.4m$, $\hat{a} = -63.73$, $\hat{b} = 36.76$, 初始条件为 $\theta(0) = 1, \theta'(0) = 0$. 图 3.3 表示系统 (3.5.1) 的状态的收敛性.

3.6 本章小结

本章讨论倒立摆系统 (3.1.1) 在 PDP 控制器本身带有时间延迟时的反馈控制问题, 此时, 系统转化为具有两个时滞的 ODE 系统 (3.1.4). 首先将该系统改写为 PDE–ODE 无穷维耦合系统, 然后转

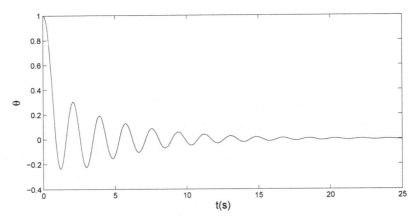

图 3.3　倒立摆系统 (3.5.1) 的状态的收敛性

化为抽象发展方程的形式, 进而利用算子半群理论讨论其适定性. 其次, 结合谱分析方法给出了系统算子的特征值的渐近表达式. 最后, 验证谱确定增长条件成立, 并证明了系统的指数稳定性.

对于系统 (3.1.2), 文献 [84] 指出, 存在着形如

$$u(t) = py(t) + d\dot{y}(t)$$

的 PD 控制器使得系统 (3.1.2) 渐近稳定当且仅当时滞 τ 满足

$$\tau < \sqrt{2l/g}.$$

将上述不等式与文献 [2] 的结论 ((3.1.6) 式) 对比发现, 时滞的容许区间增长了 $\sqrt{2}$ 倍. 这与 " 控制器本身的时滞等于反馈过程的时滞" 有密切关系. 本章仅讨论了 "控制器本身的时滞等于反馈过程的时滞" 的情形. 那么, 很自然地, 当这两个时滞值不相同的时候, 不妨假设控制器本身的时滞为 τ_1, PDP 反馈过程中的时滞为 τ_2, 即

系统变为如下形式:

$$\begin{cases} \ddot{y}(t) - \dfrac{g}{l}y(t) = u(t - \tau_1), \\ u(t) = \hat{a}y(t) + \hat{b}y(t - \tau_2), \end{cases} \quad (3.6.1)$$

即

$$\ddot{y}(t) - \frac{g}{l}y(t) = \hat{a}y(t - \tau_1) + \hat{b}y(t - \tau_1 - \tau_2). \quad (3.6.2)$$

将时滞 τ_1 单位化, 则 (3.6.2) 转化为:

$$\ddot{y}(t) + ky(t) = ay(t - 1) + by(t - (1 + \sigma)), \quad (3.6.3)$$

其中, $k = -\dfrac{{\tau_1}^2 g}{l}$, $a = {\tau_1}^2 \hat{a}$, $b = {\tau_1}^2 \hat{b}$, $\dfrac{\tau_2}{\tau_1} = \sigma$. 此时, 系统参数的稳定性区域将会如何? 这是一个有待讨论的问题. 进一步, 我们期待能够证明, 当控制器本身的时滞 τ_1 小于反馈过程的时滞 τ_2 时, PDP 控制器的时滞 τ_2 的容许区间将接近 $\sqrt{2l/g}$. 这有待从理论和数值模拟两方面进行分析和验证.

第四章 一类 HEAT–ODE 耦合系统的稳定性分析

4.1 模型的建立

我们知道, 单摆系统在 PDP 控制器下可以看成如下 PDE–ODE 无穷维耦合系统:

$$
\begin{cases}
\ddot{y}(t) + ky(t) = bv(0,t), \\
v_t(x,t) = v_x(x,t), \ x \in (0,1), \ t \geq 0, \\
v(1,t) = y(t),
\end{cases}
\tag{4.1.1}
$$

并且, 该系统指数稳定当且仅当反馈常数 k, b 满足

$$
0 < (-1)^n b < \min\left\{ k - n^2\pi^2, (n+1)^2\pi^2 - k \right\}.
$$

另一方面, 在文献 [42] 中, 作者研究如下 Heat–ODE 级联系统 (如图 4.1)

$$
\begin{cases}
\dot{X}(t) = AX(t) + Bv(0,t), \\
v_t(x,t) = v_{xx}(x,t), \ x \in (0,1), \ t \geq 0, \\
v_x(0,t) = 0, \\
v(D,t) = U(t),
\end{cases}
$$

也就是说, 将热方程作为补偿控制器去镇定一个 ODE 系统. 作者利用 Backstepping 方法设计控制器 $U(t)$, 并结合 Lyapunov 函数方法证明了系统的指数稳定性. 在此基础上, 文献 [88] 和文献 [89] 也进行了相关的研究, 并得到了指数稳定的结论.

82

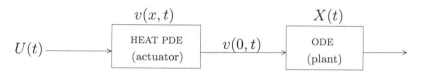

图 4.1 Heat−ODE 级联系统

受上述文献启发, 如果将 (4.1.1) 式中的一阶双曲方程换成热方程, 那么系统的稳定性与参数 k, b 之间有什么关系呢? 系统平衡状态的收敛速度如何? 本章将致力于研究如下 Heat−ODE 无穷维耦合系统 (见图 4.2):

$$\begin{cases} \ddot{y}(t) + ky(t) = bv(0,t), \\ v_t(x,t) = v_{xx}(x,t), \ x \in (0,1), \ t \ge 0, \\ v_x(0,t) = b\dot{y}(t), \\ v(1,t) = 0, \end{cases} \quad (4.1.2)$$

其中, $v(x,t)$ 表示热方程的温度, $k > 0$, $b \ne 0$ 是两个未知常数. 在系统 (4.1.2) 中, 热方程作为一个动态补偿控制器去镇定带有未知常数的 ODE 系统. 研究结果表明, 无论参数 $k > 0$ 和 $b \ne 0$ 取值为多少, 系统 (4.1.2) 总是指数稳定的. 这大大放松了对系统参数的限制条件.

本章采用 Riesz 基方法讨论系统 (4.1.2) 的指数稳定性. 4.2 节首先将问题转化为抽象发展方程形式, 并利用 C_0 半群的方法来研究系统的适定性. 4.3 节分析系统算子的特征值和特征向量的渐近表达式, 并证明存在一列广义特征向量构成 Hilbert 状态空间的一组 Riesz 基, 从而建立系统的谱确定增长条件. 4.4 节进行数值仿真.

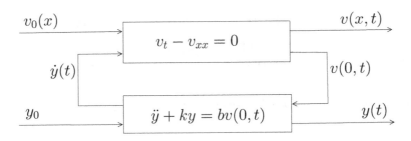

图 4.2　Heat−ODE 无穷维耦合系统

4.2　系统 (4.1.2) 的适定性

在能量空间

$$\mathcal{H} = \mathbb{C} \times \mathbb{C} \times L^2(0,1) \tag{4.2.1}$$

中考虑系统 (4.1.2), 其中的内积定义为: $\forall\ Z_1 = (f_1, g_1, h_1), Z_2 = (f_2, g_2, h_2) \in \mathcal{H},$

$$\langle Z_1, Z_2 \rangle = k\langle f_1, f_2 \rangle_{\mathbb{C}} + \langle g_1, g_2 \rangle_{\mathbb{C}} + \int_0^1 h_1(x)\overline{h_2(x)}dx$$

$$= f_1\overline{f_2} + g_1\overline{g_2} + \int_0^1 h_1(x)\overline{h_2(x)}dx. \tag{4.2.2}$$

定义线性算子 $\mathcal{A}: D(\mathcal{A})(\subseteq \mathcal{H}) \to \mathcal{H}$ 如下:

$$\begin{cases} \mathcal{A}(f,g,h) = \left(g, -kf + bh(0), h''\right), \\ D(\mathcal{A}) = \Big\{ (f,g,h) \in \mathcal{H} \mid h \in H^2(0,1), \\ \qquad\qquad h'(0) = bg,\ h(1) = 0 \Big\}. \end{cases} \tag{4.2.3}$$

84

那么, 系统 (4.1.2) 可以写成 $\mathcal{H}$ 上的抽象发展方程的形式:

$$\begin{cases} \dot{Z}(t) = \mathcal{A}Z(t), \ t > 0, \\ Z(0) = Z_0, \end{cases} \qquad (4.2.4)$$

其中, $Z(t) = (y(t), \dot{y}(t), v(\cdot, t))$.

下面给出系统算子 $\mathcal{A}$ 的性质.

引理 4.2.1 设 $\mathcal{A}$ 由 (4.2.3) 给出, 那么 $\mathcal{A}^{-1}$ 存在并且是紧的. 因此, 系统算子 $\mathcal{A}$ 的谱 $\sigma(\mathcal{A})$ 仅由有穷代数重数的孤立特征值所构成. 进而, 系统算子 $\mathcal{A}$ 在状态空间 $\mathcal{H}$ 上是耗散的, 并且 $\mathcal{A}$ 生成了 $\mathcal{H}$ 上的 C_0 压缩半群 $e^{\mathcal{A}t}$.

证明: 任给 $\widetilde{Z} = (\tilde{f}, \tilde{g}, \tilde{h}) \in \mathcal{H}$, 求解

$$\mathcal{A}(f, g, h) = (\tilde{f}, \tilde{g}, \tilde{h}), \ (f, g, h) \in D(\mathcal{A})$$

可得

$$\begin{cases} g = \tilde{f}, \ -kf + bh(0) = \tilde{g}, \\ h'' = \tilde{h}, \ h'(0) = bg, \ h(1) = 0. \end{cases}$$

从而

$$\begin{cases} f = \dfrac{-1}{k}\left(\tilde{g} + b^2\tilde{f} + b\displaystyle\int_0^1 (1-s)\tilde{h}(s)ds\right), \ g = \tilde{f}, \\ h(x) = -b(1-x)\tilde{f} - (1-x)\displaystyle\int_0^x \tilde{h}(s)ds - \displaystyle\int_x^1 (1-s)\tilde{h}(s)ds. \end{cases} \qquad (4.2.5)$$

因此, 根据 Sobolev 嵌入定理, $\mathcal{A}^{-1}$ 存在并且在 $\mathcal{H}$ 上是紧的. 从而, $\sigma(\mathcal{A})$ 仅由有穷代数重数的孤立特征值所构成.

下面证明 $\mathcal{A}$ 在 $\mathcal{H}$ 上是耗散的. 任给 $Z = (f, g, h) \in D(\mathcal{A})$,

$$\langle \mathcal{A}Z, Z \rangle = \langle (g, -kf + bh(0), h''), (f, g, h) \rangle$$

$$= k\langle g, f \rangle_{\mathbb{C}} + \langle -kf + bh(0), g \rangle_{\mathbb{C}} + \int_0^1 h''(x)\overline{h(x)}dx,$$

$$= k\langle g, f \rangle_{\mathbb{C}} - k\langle f, g \rangle_{\mathbb{C}} + b\langle h(0), g \rangle_{\mathbb{C}} + \overline{h(x)}h'(x)\Big|_0^1 - \int_0^1 |h'(x)|^2 dx$$

$$= kg\overline{f} - kf\overline{g} + bh(0)\overline{g} - \overline{h(0)}bg - \int_0^1 |h'(x)|^2 dx,$$

于是

$$\mathrm{Re}\langle \mathcal{A}Z, Z \rangle = -\int_0^1 |h'(x)|^2 dx \le 0. \tag{4.2.6}$$

故系统算子 $\mathcal{A}$ 在 $\mathcal{H}$ 上是耗散的, 且由 Lumer-Philips 定理, $\mathcal{A}$ 生成 $\mathcal{H}$ 上的一个 C_0 压缩半群 $e^{\mathcal{A}t}$. ■

4.3 系统 (4.1.2) 的指数稳定性

本节首先考虑系统算子 $\mathcal{A}$ 的特征值问题, 并计算特征值和特征向量的渐近表达式, 然后根据 Riesz 基性质来证明谱确定增长条件和指数稳定性.

4.3.1 系统算子 $\mathcal{A}$ 的特征值问题

考虑特征值问题

$$\mathcal{A}Z = \lambda Z, \ Z = (f, g, h) \in D(\mathcal{A}),$$

即

$$\begin{cases} g = \lambda f, \ -kf + bh(0) = \lambda g, \\ h'' = \lambda h, \ h'(0) = bg, \ h(1) = 0. \end{cases} \tag{4.3.1}$$

于是

$$\begin{cases} g = \lambda f, \ h = c \sinh \sqrt{\lambda}(1 - x), \\ -kf + b \cdot c \sinh \sqrt{\lambda} = \lambda^2 f, \\ -c \cdot \sqrt{\lambda} \cosh \sqrt{\lambda} = b \lambda f, \end{cases} \tag{4.3.2}$$

从而得

$$\begin{cases} g = \lambda f, \\ h = c \sinh \sqrt{\lambda}(1 - x), \\ f = \dfrac{bc \sinh \sqrt{\lambda}}{\lambda^2 + k}, \\ \left[b^2 \cdot \sqrt{\lambda} \sinh \sqrt{\lambda} + (\lambda^2 + k) \cdot \cosh \sqrt{\lambda} \right] c = 0. \end{cases} \tag{4.3.3}$$

那么, 特征值问题 (4.3.1) 有非平凡解当且仅当方程

$$(\lambda^2 + k) \cosh \sqrt{\lambda} + b^2 \sqrt{\lambda} \sinh \sqrt{\lambda} = 0$$

有解. 于是, 我们可得如下引理.

引理 4.3.1 设 $\mathcal{A}$ 由 (4.2.3) 给出, 令

$$\Delta(\lambda) = (\lambda^2 + k) \cosh \sqrt{\lambda} + b^2 \sqrt{\lambda} \sinh \sqrt{\lambda}. \tag{4.3.4}$$

那么

$$\sigma(\mathcal{A}) = \sigma_p(\mathcal{A}) = \{ \lambda \in \mathbb{C} | \Delta(\lambda) = 0 \}, \tag{4.3.5}$$

且 $\lambda \in \sigma(\mathcal{A})$ 是几何单的.

引理 4.3.2 设 $\mathcal{A}$ 由 (4.2.3) 给出, 那么

$$\mathrm{Re}\lambda < 0, \quad \forall \lambda \in \sigma(\mathcal{A}).$$

证明: 根据引理 4.2.1, $\mathcal{A}$ 是耗散的, 所以

$$\mathrm{Re}\lambda \leq 0, \quad \forall \lambda \in \sigma(\mathcal{A}).$$

下面仅需证明虚轴上没有谱. 设 $\lambda = ia \in \sigma(\mathcal{A})$ $(a \in \mathbb{R})$, 且 $Z = (f, g, h) \in D(\mathcal{A})$ 是相应的特征函数, 那么由 (4.2.6) 可得

$$\mathrm{Re}\langle \mathcal{A}Z, Z \rangle = -\int_0^1 |h'(x)|^2 dx = 0, \tag{4.3.6}$$

因此, $h'(x) = 0$. 再由 $h(1) = 0$ 可得 $h \equiv 0$. 进而, 根据 (4.3.1) 可知, $f = g = 0$. 所以, 系统算子 $\mathcal{A}$ 在虚轴上没有谱. ∎

命题 4.3.1 设 $\mathcal{A}$ 由 (4.2.3) 给出, $\Delta(\lambda)$ 由 (4.3.4) 给出. 那么 $\mathcal{A}$ 的特征值的渐近表达式为:

$$\lambda_n = -(n - \frac{1}{2})^2\pi^2 + \mathcal{O}(n^{-2}), \ n > N, \tag{4.3.7}$$

其中, N 是一个正整数. 因此, 当 $n \to \infty$ 时, $\mathrm{Re}\lambda_n \to -\infty$.

证明: 由 $\Delta(\lambda) = 0$ 得

$$(\lambda^2 + k)(e^{\sqrt{\lambda}} + e^{-\sqrt{\lambda}}) + b^2\sqrt{\lambda}(e^{\sqrt{\lambda}} - e^{-\sqrt{\lambda}}) = 0,$$

即

$$(\lambda^2 + k + b^2\sqrt{\lambda})e^{\sqrt{\lambda}} + (\lambda^2 + k - b^2\sqrt{\lambda})e^{-\sqrt{\lambda}} = 0,$$

于是

$$e^{2\sqrt{\lambda}} = \frac{-\lambda^2 - k + b^2\sqrt{\lambda}}{\lambda^2 + k + b^2\sqrt{\lambda}} = -1 + \frac{2b^2}{\lambda^{\frac{3}{2}} + k\lambda^{-\frac{1}{2}} + b^2}$$

$$= -1 + \mathcal{O}(\lambda^{-\frac{3}{2}}). \tag{4.3.8}$$

直接计算可得

$$\sqrt{\lambda_n} = i\left(n - \frac{1}{2}\right)\pi + \mathcal{O}(n^{-3}), \; n > N, \tag{4.3.9}$$

其中, N 是一个正整数. 因此,

$$\lambda_n = -\left(n - \frac{1}{2}\right)^2\pi^2 + \mathcal{O}(n^{-2}), \; n > N, \tag{4.3.10}$$

故 (4.3.7) 式得证. ∎

命题 4.3.2 设 $\{\lambda_n, n \in \mathbb{N}\}$ 是系统算子 $\mathcal{A}$ 的特征值, 且由 (4.3.7) 式给出. 那么, 相应的特征函数 $\{(f_n, g_n, h_n), n \in \mathbb{N}\}$ 的渐近表达式如下:

$$\begin{cases} f_n = \mathcal{O}(n^{-4}), \\ g_n = \mathcal{O}(n^{-2}), \\ h_n = \sin\left(n - \frac{1}{2}\right)\pi x + \mathcal{O}(n^{-3}), \end{cases} \quad n > N, \tag{4.3.11}$$

其中, N 是一个正整数.

证明: 根据 (4.3.2) 式和 (4.3.9) 式可得, 对应于特征值 λ_n 的特征函数的渐近表达式为:

$$\begin{aligned} h_n(x) &= -i\sinh\sqrt{\lambda_n}(1-x) \\ &= \sin\left(n - \frac{1}{2}\right)\pi(1-x) + \mathcal{O}(n^{-3}), \; n > N. \end{aligned} \tag{4.3.12}$$

根据 (4.3.1) 的第四个等式可得

$$g_n = \mathcal{O}(n^{-2}).$$

进而, 根据 (4.3.1) 的第一个等式和 (4.3.7) 式, 易得 $f_n = \mathcal{O}(n^{-4})$. ∎

4.3.2 系统算子 $\mathcal{A}$ 的 Riesz 基性质和指数稳定性

定理 4.3.1 设 $\mathcal{A}$ 由 (4.2.3) 给出, 那么存在系统算子 $\mathcal{A}$ 的一列广义特征函数构成 Hilbert 状态空间 $\mathcal{H}$ 的一组 Riesz 基. 进而, 由 $\mathcal{A}$ 所生成的半群 $e^{\mathcal{A}t}$ 是 $\mathcal{H}$ 上的解析半群.

证明: 设 $e_1 = (1,0,0)$, $e_2 = (0,1,0)$,

$$F_n = \left(0, 0, \sin\left(n - \frac{1}{2}\right)\pi(1-x)\right), n \in \mathbb{N}.$$

那么, $\{e_1, e_2, F_n,\ n \in \mathbb{N}\}$ 构成 $\mathcal{H}$ 的正交基. 令 $G_n = (f_n, g_n, h_n)$, $n \in \mathbb{N}$, 其中 f_n, g_n, h_n 由 (4.3.11) 式给出, 于是,

$$\sum_{n=N}^{\infty} \|F_n - G_n\|_{\mathcal{H}}^2 = \sum_{n=N}^{\infty} \left(|f_n|^2 + |g_n|^2\right)$$

$$= \sum_{n=N}^{\infty} \mathcal{O}\left(n^{-4}\right) < \infty. \tag{4.3.13}$$

根据文献 [22] 中的定理 6.3 (称为改进的 Bari 定理) 可知, 存在系统算子 $\mathcal{A}$ 的一列广义特征函数构成 Hilbert 状态空间 $\mathcal{H}$ 的一组 Riesz 基. 另外, 由文献 [69] 中的定理 13 易知, $\mathcal{A}$ 生成一个解析半群 $e^{\mathcal{A}t}$. ∎

定理 4.3.2 设 $\mathcal{A}$ 由 (4.2.3) 给出. 那么半群 $e^{\mathcal{A}t}$ 的谱确定增长条件成立, 即

$$s(\mathcal{A}) = \omega(\mathcal{A}).$$

另外, 由系统算子 $\mathcal{A}$ 所生成的半群 $e^{\mathcal{A}t}$ 是指数稳定的.

证明: 由于 e^{At} 是解析半群, 所以谱确定增长条件成立. 结合引理 4.3.2 和命题 4.3.1 可得, e^{At} 是指数稳定的. ■

4.4 数值应用

在这一部分, 我们利用 Matlab 数学软件对系统 (4.1.2) 进行数值模拟. 假设 $k = 5$, $b = 3$, 初始条件为 $y(0) = 1$, $\dot{y}(0) = 1$, $v(x,0) = 0$, 那么, 根据有穷差分方法, 我们可以模拟系统 (4.1.2) 的近似解, 如图 4.3 和图 4.4 所示. 另外, 在相同的反馈参数和初始条件下, 图 4.5 表明了系统 (4.1.1) (i.e. 系统 (2.1.10)) 的状态的收敛速度.

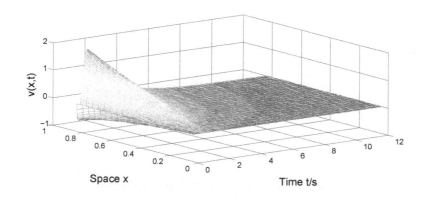

图 4.3 系统 (4.1.2) 的状态 $v(x,t)$ 的收敛性

4.5 本章小结

本章研究的是二阶 ODE 系统和热方程通过边界连接所构成的 Heat−ODE 无穷维耦合系统, 利用谱分析方法和 Riesz 基性质, 我们证明了该耦合系统是一个 Riesz 谱系统, 且谱确定增长条件成

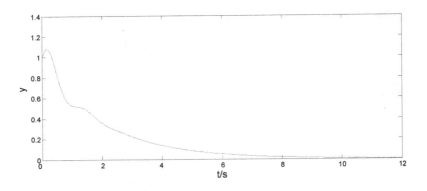

图 4.4   系统 (4.1.2) 的状态 $y(t)$ 的收敛性

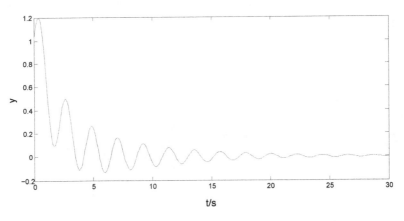

图 4.5   系统 (4.1.1) 的状态 $y(t)$ 的收敛性

立. 本章的研究结果体现以下方面的特点: 第一, 由 (4.2.6) 式可知, 该耦合系统的耗散阻尼仅由热方程产生. 因此, 我们可以把热方程看作整个系统的动态控制器. 第二, 研究表明, 只要参数 k, b 满足 $k > 0, b \neq 0$, 系统 (4.1.2) 总是指数稳定的. 这大大放松了对系统参数的限制条件, 也从一定程度上说明, 与时滞控制器 (如 PDP 控制器) 相比, 热方程作为控制器的指数镇定效果更好, 对比图 4.4 和图

4.5 的收敛速度也可以说明这一点.

与文献 [42, 88, 89] 相比, 本章的不足之处在于, 所研究的 ODE 系统是二阶的, 并非一般 n 阶 ODE 的情形. 因此, 我们可以考虑将其推广到 n 阶 ODE 的情形, 分析热方程和 n 阶 ODE 在什么样的边界耦合条件下能够使整个系统指数镇定.

第五章 一类 WAVE–ODE 耦合系统的稳定性分析

5.1 模型的建立

在第四章的基础上, 我们将系统 (4.1.2) 中的热方程替换为带有 Kelvin-Voigt 阻尼 (以下简记为 K-V 阻尼) 的波动方程, 即研究如下 Wave–ODE 无穷维耦合系统:

$$\begin{cases} \ddot{y}(t) + ky(t) = bv_t(1,t), \\ v_{tt} = v_{xx} + dv_{xxt}, \ x \in (0,1), \ t \geq 0, \\ v(0,t) = 0, \\ v_x(1,t) + dv_{tx}(1,t) = -b\dot{y}(t), \end{cases} \tag{5.1.1}$$

其中, $d > 0$, $v(x,t)$ 表示带有 K-V 阻尼的波动方程的状态, k 和 b 是两个未知常数, 且满足 $k > 0$, $b \neq 0$. 在系统 (5.1.1) 中, 带有 K-V 阻尼的波动方程可以看成一个 PDE 补偿控制器去镇定二阶 ODE 系统. 研究结果表明, 无论参数 $k > 0$ 和 $b \neq 0$ 取值为多少, 系统 (5.1.1) 总是指数稳定的. 这大大放松了对系统参数的限制条件.

本章采用 Riesz 基方法讨论系统 (5.1.1) 的指数稳定性. 5.2 节首先将问题转化为抽象发展方程的形式, 并利用算子半群理论来研究系统的适定性. 5.3 节研究系统算子的谱的性质以及系统算子的特征值的渐近表达式. 5.4 节建立系统的谱确定增长条件和指数稳定性. 5.5 节进行数值仿真.

94

5.2 系统 (5.1.1) 的适定性

在能量空间

$$\mathcal{H} = \mathbb{C} \times \mathbb{C} \times H_L^1(0,1) \times L^2(0,1) \tag{5.2.1}$$

中考虑系统 (5.1.1), 其中, $H_L^1(0,1) = \{h \in H^1(0,1) \mid h(0) = 0\}$, 且内积定义为:

$\forall\, Z_1 = (f_1, g_1, h_1, q_1), Z_2 = (f_2, g_2, h_2, q_2) \in \mathcal{H}$,

$$\langle Z_1, Z_2 \rangle$$

$$= k\langle f_1, f_2 \rangle_{\mathbb{C}} + \langle g_1, g_2 \rangle_{\mathbb{C}} + \int_0^1 h_1'(x)\overline{h_2'(x)}dx + \int_0^1 q_1(x)\overline{q_2(x)}dx$$

$$= f_1\overline{f_2} + g_1\overline{g_2} + \int_0^1 h_1'(x)\overline{h_2'(x)}dx + \int_0^1 q_1(x)\overline{q_2(x)}dx, \tag{5.2.2}$$

定义线性算子 $\mathcal{A} : D(\mathcal{A})(\subseteq \mathcal{H}) \to \mathcal{H}$ 如下:

$$\begin{cases} \mathcal{A}(f,g,h,q) = (g, -kf + bq(1), q, (h+dq)''), \\ D(\mathcal{A}) = \big\{ \mathcal{A}(f,g,h,q) \in \mathcal{H} \mid h'(1) + dq'(1) + bg = 0 \big\}. \end{cases} \tag{5.2.3}$$

那么, 系统 (5.1.1) 可以写成 $\mathcal{H}$ 上的抽象发展方程的形式:

$$\begin{cases} \dot{Z}(t) = \mathcal{A}Z(t),\ t > 0, \\ Z(0) = Z_0, \end{cases} \tag{5.2.4}$$

其中, $Z(t) = (y(t), \dot{y}(t), v(\cdot,t), v_t(\cdot,t))$.

下面给出系统算子 $\mathcal{A}$ 的性质.

95

引理 5.2.1 设 $\mathcal{A}$ 是由 (5.2.3) 给出, 那么它的伴随算子 $\mathcal{A}^*$ 为:

$$\mathcal{A}^*(\tilde{f}, \tilde{g}, \tilde{h}, \tilde{q}) = \left(-\tilde{g}, k\tilde{f} - b\tilde{q}(1), -\tilde{q}, -(\tilde{h} - d\tilde{q})'' \right),$$

$$D(\mathcal{A}^*) = \Big\{ (\tilde{f}, \tilde{g}, \tilde{h}, \tilde{q}) \in \mathcal{H} \mid \mathcal{A}^*(\tilde{f}, \tilde{g}, \tilde{h}, \tilde{q}) \in \mathcal{H}, \qquad (5.2.5)$$

$$\tilde{h}'(1) - d\tilde{q}'(1) + b\tilde{g} = 0 \Big\}.$$

证明: 对 $\forall F = (f, g, h, q) \in D(\mathcal{A})$, $G = (\tilde{f}, \tilde{g}, \tilde{h}, \tilde{q}) \in D(\mathcal{A}^*)$, 直接计算可得

$$\langle \mathcal{A}F, G \rangle$$

$$= \langle (g, -kf + bq(1), q, (h + dq)''), (\tilde{f}, \tilde{g}, \tilde{h}, \tilde{q}) \rangle$$

$$= kg\overline{\tilde{f}} + (-kf + bq(1))\overline{\tilde{g}} + \int_0^1 q'(x)\overline{\tilde{h}'(x)}dx$$

$$\quad + \int_0^1 (h + dq)''(x)\overline{\tilde{q}(x)}dx$$

$$= kg\overline{\tilde{f}} - kf\overline{\tilde{g}} + bq(1)\overline{\tilde{g}} + q(1)\overline{\tilde{h}'(1)}$$

$$\quad -q(0)\overline{\tilde{h}'(0)} - \int_0^1 q(x)\overline{\tilde{h}''(x)}dx + h'(1)\overline{\tilde{q}(1)}$$

$$\quad -h'(0)\overline{\tilde{q}(0)} - \int_0^1 h'(x)\overline{\tilde{q}'(x)}dx + d\left(q'(1)\overline{\tilde{q}(1)} - q'(0)\overline{\tilde{q}(0)} \right)$$

$$\quad -d\left(q(1)\overline{\tilde{q}'(1)} - q(0)\overline{\tilde{q}'(0)} \right) + d\int_0^1 q(x)\overline{\tilde{q}''(x)}dx$$

$$= kf \cdot (-\overline{\tilde{g}}) + g \cdot k\overline{\tilde{f}} - \int_0^1 h'(x)\overline{\tilde{q}'(x)}dx - \int_0^1 q(x)\overline{(\tilde{h} - d\tilde{q})''(x)}dx$$

$$\quad +q(1)\left(\overline{\tilde{h}'(1)} - d\overline{\tilde{q}'(1)} + b\overline{\tilde{g}} \right) - bg\overline{\tilde{q}(1)}$$

$$= \langle F, \mathcal{A}^*G \rangle, \qquad (5.2.6)$$

由此可得 $\mathcal{A}^*$ 的定义 (5.2.5) 式. ∎

引理 5.2.2 设 $\mathcal{A}$ 和 $\mathcal{A}^*$ 分别由 (5.2.3) 和 (5.2.5) 给出, 那么 $\mathcal{A}$ 和 $\mathcal{A}^*$ 在 $\mathcal{H}$ 上是耗散的, 且 $\mathcal{A}$ 生成 $\mathcal{H}$ 上的 C_0 压缩半群 $e^{\mathcal{A}t}$.

证明: 任给 $Z = (f, g, h, q) \in D(\mathcal{A})$,

$$
\begin{aligned}
\langle \mathcal{A}Z, Z \rangle &= \langle (g, -kf + bq(1), q, (h + dq)''), (f, g, h, q) \rangle \\
&= k\langle g, f \rangle_{\mathbb{C}} + \langle -kf + bq(1), g \rangle_{\mathbb{C}} + \int_0^1 q'(x)\overline{h'(x)}dx \\
&\quad + \int_0^1 (h''(x) + dq''(x))\overline{q(x)}dx, \\
&= k\langle g, f \rangle_{\mathbb{C}} - k\langle f, g \rangle_{\mathbb{C}} + b\langle q(1), g \rangle_{\mathbb{C}} \\
&\quad + \int_0^1 q'(x)\overline{h'(x)}dx + \overline{q(x)}h'(x)\Big|_0^1 \\
&\quad - \int_0^1 h'(x)\overline{q'(x)}dx + d\overline{q(x)}q'(x)\big|_0^1 - d\int_0^1 |q'(x)|^2 dx \\
&= kg\overline{f} - kf\overline{g} + bq(1)\overline{g} - b\overline{q(1)}g + \int_0^1 q'(x)\overline{h'(x)}dx \\
&\quad - \int_0^1 h'(x)\overline{q'(x)}dx - d\int_0^1 |q'(x)|^2 dx,
\end{aligned}
$$

于是

$$
\mathrm{Re}\langle \mathcal{A}Z, Z \rangle = -d\int_0^1 |q'(x)|^2 dx \leq 0. \tag{5.2.7}
$$

类似可得, 任给 $\tilde{Z} = (\tilde{f}, \tilde{g}, \tilde{h}, \tilde{q}) \in D(\mathcal{A}^*)$,

$$
\mathrm{Re}\langle \mathcal{A}^*\tilde{Z}, \tilde{Z} \rangle = -d\int_0^1 |\tilde{q}'(x)|^2 dx \leq 0. \tag{5.2.8}
$$

因此, $\mathcal{A}$ 和 $\mathcal{A}^*$ 在 $\mathcal{H}$ 上是耗散的. 根据 Lumer-Philips 定理 [70], $\mathcal{A}$ 生成 $\mathcal{H}$ 上的 C_0 压缩半群. ∎

5.3 系统算子的谱分析

本节讨论系统算子 $\mathcal{A}$ 的谱在复平面 $\mathbb{C}$ 上的分布, 其中会用到文献 [24, 27] 中的一些分析方法.

系统 (5.2.4) 的特征值问题为:

$$\mathcal{A}Z = \lambda Z, \ Z = (f, g, h, q) \in D(\mathcal{A}),$$

即

$$\begin{cases} g = \lambda f, \ -kf + bq(1) = \lambda g, \\ q = \lambda h, \ (h + dq)'' = \lambda q, \\ h(0) = 0, \ h'(1) + dq'(1) = -bg. \end{cases} \tag{5.3.1}$$

从而得

$$\begin{cases} g = \lambda f, \ -kf + bq(1) = \lambda^2 f, \\ q = \lambda h, \ (1 + d\lambda)h'' = \lambda q, \\ h(0) = 0, \ h'(1) + dq'(1) = -bg. \end{cases} \tag{5.3.2}$$

我们通常用 $\rho(\mathcal{A}), \sigma_p(\mathcal{A}), \sigma_c(\mathcal{A})$ 和 $\sigma_r(\mathcal{A})$ 分别表示系统算子 $\mathcal{A}$ 的预解集, 点谱, 连续谱和剩余谱.

下述定理 5.3.1 表明, 系统算子 $\mathcal{A}$ 的剩余谱是空集.

定理 5.3.1 设 $\mathcal{A}$ 由 (5.2.3) 给出, 那么 $\sigma_r(\mathcal{A}) = \emptyset$.

证明: 考虑到 $\mathcal{A}$ 的特征值关于实轴对称, 并且

$$\lambda \in \sigma_r(\mathcal{A}) \iff \overline{\lambda} \in \sigma_p(\mathcal{A}^*),$$

因此, 我们仅需证明 $\sigma_p(\mathcal{A}) = \sigma_p(\mathcal{A}^*)$. 根据 $\mathcal{A}^*$ 的定义, 其特征值问题

$$\mathcal{A}^* F = \lambda F, \ F = (f, g, h, q) \in D(\mathcal{A}^*)$$

为

$$\begin{cases} -g = \lambda f, \ kf - bq(1) = \lambda g, \\ -q(x) = \lambda h(x), \ -(h - dq)'' = \lambda q, \\ h(0) = 0, \ h'(1) - dq'(1) + bg = 0. \end{cases} \tag{5.3.3}$$

显然, 只要令 $\tilde{g} = -g, \tilde{h} = -h$, 那么 (5.3.3) 式与 (5.3.1) 式相同. 因此, $\mathcal{A}^*$ 和 $\mathcal{A}$ 具有相同的特征值. ∎

定理 5.3.2 设 $\mathcal{A}$ 由 (5.2.3) 给出, 那么 $\mathcal{A}^{-1}$ 存在, 因而 $0 \in \rho(\mathcal{A})$.

证明: 任给 $Z_1 = (f_1, g_1, h_1, q_1) \in \mathcal{H}$, 求解

$$\mathcal{A}(f, g, h, q) = (g, -kf + bq(1), q, (h + dq)'')$$
$$= (f_1, g_1, h_1, q_1), \ (f, g, h, q) \in D(\mathcal{A})$$

可得

$$\begin{cases} g = f_1, \ -kf + bq(1) = g_1, \\ q = h_1, \ (h + dq)'' = q_1, \\ h(0) = 0, \ h'(1) + dq'(1) + bg = 0. \end{cases} \tag{5.3.4}$$

因此,

$$
\begin{cases}
f = \dfrac{-1}{k}\left(g_1 - bh_1(1)\right), \ g = f_1, \ q(x) = h_1(x), \\[2mm]
h(x) = (-dh'_1(1) - bf_1)x - \displaystyle\int_0^x s(q_1(s) - dh''_1(s))ds \quad (5.3.5) \\[2mm]
\qquad -x\displaystyle\int_x^1 (q_1(s) - dh''_1(s))ds.
\end{cases}
$$

故 $\mathcal{A}^{-1}$ 存在, $0 \in \rho(\mathcal{A})$. ∎

引理 5.3.1 设 $\mathcal{A}$ 由 (5.2.3) 给出, 那么 $-\dfrac{1}{d} \in \sigma_c(\mathcal{A})$.

证明: 根据定理 5.3.1, 我们仅需证明 $-\dfrac{1}{d} \notin \sigma_p(\mathcal{A}) \cup \rho(\mathcal{A})$.

(i) 显然, $0 \notin \sigma_p(\mathcal{A})$. 反设 $\lambda = -\dfrac{1}{d}$ 是 $\mathcal{A}$ 的特征值, 那么由 (5.3.2) 的第四个等式可知, $q(x) \equiv 0$. 从而, $h(x) \equiv 0, f = g = 0$. 因此, $-\dfrac{1}{d} \notin \sigma_p(\mathcal{A})$.

(ii) 任给 $G = (\tilde{f}, \tilde{g}, \tilde{h}, \tilde{q}) \in \mathcal{H}$, 求解预解方程

$$(\lambda I - \mathcal{A})F = G, F = (f, g, h, q) \in D(\mathcal{A}),$$

即

$$
\begin{cases}
\lambda f - g = \tilde{f}, \ \lambda g - (-kf + bq(1)) = \tilde{g}, \\[2mm]
\lambda h - q = \tilde{h}, \ \lambda q - (h + dq)'' = \tilde{q}, \\[2mm]
h(0) = 0, \ h'(1) + dq'(1) = -bg.
\end{cases}
\quad (5.3.6)
$$

将上式的第三个方程代入到第四个方程中, 得

$$\lambda^2 q - ((1 + d\lambda)q + \tilde{h})'' = \lambda\tilde{q}.$$

如果 $\lambda = -\dfrac{1}{d}$, 那么

$$\lambda^2 q - \tilde{h}'' = \lambda\tilde{q},$$

即

$$\lambda^2 q = \tilde{h}'' + \lambda\tilde{q}.$$

因为 $q \in H_L^1(0,1)$, 所以 $\tilde{h}'' + \lambda\tilde{q} \in H_L^1(0,1)$. 这说明, $-\dfrac{1}{d} \notin \rho(\mathcal{A})$.

综合上述两种情况即得结论成立. ■

定理 5.3.3 设 $\mathcal{A}$ 由 (5.2.3) 给出, 令

$$\Delta(\lambda) = (\lambda^2 + k)\sqrt{1 + d\lambda}\cosh\sqrt{\frac{\lambda^2}{1 + d\lambda}} + b^2\lambda\sinh\sqrt{\frac{\lambda^2}{1 + d\lambda}}. \quad (5.3.7)$$

那么

$$\sigma_p(\mathcal{A}) = \{\lambda \in \mathbb{C} \mid \Delta(\lambda) = 0\}, \quad (5.3.8)$$

且 $\lambda \in \sigma_p(\mathcal{A})$ 是几何单的.

证明: 特征值问题 (5.3.1) 等价于

$$\begin{cases} f = -\dfrac{1 + d\lambda}{b\lambda}h'(1), \\[2mm] g = -\dfrac{1 + d\lambda}{b}h'(1), \\[2mm] q = \lambda h, \end{cases} \quad (5.3.9)$$

且 h 满足

$$\begin{cases} h'' = \dfrac{\lambda^2}{1 + d\lambda}h, \\[2mm] h(0) = 0, \\[2mm] (1 + d\lambda)(\lambda^2 + k)h'(1) + b^2\lambda^2 h(1) = 0. \end{cases} \quad (5.3.10)$$

所以, $(f,g,h,q) \neq 0$ 当且仅当 (5.3.10) 有非零解. 注意到 (5.3.10) 的前两个方程的通解为

$$h(x) = c \sinh \sqrt{\frac{\lambda^2}{1+d\lambda}} x, \tag{5.3.11}$$

其中 c 为待定常数. 因此, 将 (5.3.11) 式代入到 (5.3.10) 的第三个方程中, 得

$$\left((\lambda^2 + k)\sqrt{1+d\lambda} \cosh \sqrt{\frac{\lambda^2}{1+d\lambda}} + b^2 \lambda \sinh \sqrt{\frac{\lambda^2}{1+d\lambda}} \right) c = 0. \tag{5.3.12}$$

从而, $(f,g,h,q) \neq 0$ 当且仅当

$$(\lambda^2 + k)\sqrt{1+d\lambda} \cosh \sqrt{\frac{\lambda^2}{1+d\lambda}} + b^2 \lambda \sinh \sqrt{\frac{\lambda^2}{1+d\lambda}} = 0$$

有解. 于是结论成立. ∎

定理 5.3.4 设 $\mathcal{A}$ 由 (5.2.3) 给出, 那么 $\sigma_c(\mathcal{A}) = \left\{ -\dfrac{1}{d} \right\}$.

证明: $\forall \lambda \notin \sigma_p(\mathcal{A})$, 且 $\lambda \neq 0, \lambda \neq -\dfrac{1}{d}$, 我们仅需证明 $\lambda \in \rho(\mathcal{A})$. 事实上, 任给 $G = (\tilde{f}, \tilde{g}, \tilde{h}, \tilde{q}) \in \mathcal{H}$, 求解预解方程

$$(\lambda I - \mathcal{A})F = G, \quad F = (f,g,h,q) \in D(\mathcal{A}),$$

即 (5.3.6) 式. 根据 (5.3.6) 的第三个方程, 可得

$$q = \lambda h - \tilde{h}. \tag{5.3.13}$$

将其代入到 (5.3.6) 的第四个方程中, 得

$$\begin{cases} h'' - \dfrac{\lambda^2}{1+d\lambda} h = \dfrac{d\tilde{h}'' - \lambda\tilde{h} - \tilde{q}}{1+d\lambda}, \\ h(0) = 0. \end{cases} \tag{5.3.14}$$

于是,

$$h(x) = c \sinh \sqrt{\frac{\lambda^2}{1+d\lambda}} x + \sqrt{\frac{1+d\lambda}{\lambda^2}}$$

$$\cdot \int_0^x \frac{d\tilde{h}''(s) - \lambda \tilde{h}(s) - \tilde{q}(s)}{1+d\lambda} \sinh \sqrt{\frac{\lambda^2}{1+d\lambda}} (x-s) ds \quad (5.3.15)$$

其中, c 为待定常数.

根据 (5.3.6) 的第一个等式, 得

$$g = \lambda f - \tilde{f}. \tag{5.3.16}$$

将其代入 (5.3.6) 的第二个等式中得

$$(\lambda^2 + k)f - \lambda \tilde{f} - bq(1) = \tilde{g}. \tag{5.3.17}$$

下面分情况讨论:

(i) 如果 $\lambda^2 + k = 0$, 那么 $q(1) = -\dfrac{\lambda \tilde{f} + \tilde{g}}{b}$. 结合 (5.3.13) 可得

$$h(1) = \frac{q(1) + \tilde{h}(1)}{\lambda} = \frac{-\lambda \tilde{f} - \tilde{g} + b\tilde{h}(1)}{b\lambda}.$$

将其代入 (5.3.15) 式, 我们可求得常数 c 的值为:

$$c = \frac{\frac{-\lambda \tilde{f} - \tilde{g} + b\tilde{h}(1)}{b\lambda} - \sqrt{\frac{1+d\lambda}{\lambda^2}} \int_0^1 \frac{d\tilde{h}''(s) - \lambda \tilde{h}(s) - \tilde{q}(s)}{1+d\lambda} \sinh \sqrt{\frac{\lambda^2}{1+d\lambda}} (1-s) ds}{\sinh \sqrt{\frac{\lambda^2}{1+d\lambda}}}.$$

因此, 根据 (5.3.13), 我们可得出 $q(x)$ 的表达式. 根据 (5.3.6) 的第六个方程, 我们可得

$$g = -\frac{h'(1) + dq'(1)}{b},$$

进而得

$$f = \frac{g + \tilde{f}}{\lambda}.$$

(ii) 如果 $\lambda^2 + k \neq 0$, 那么 $f = \frac{\lambda \tilde{f} + \tilde{g} + bq(1)}{\lambda^2 + k}$. 将其代入 (5.3.16) 得

$$g = \frac{-k\tilde{f} + \lambda \tilde{g} + b\lambda^2 h(1) - b\lambda \tilde{h}(1)}{\lambda^2 + k}. \tag{5.3.18}$$

从而, (5.3.6) 的第六个等式变为:

$$(1 + d\lambda)h'(1) + \frac{b^2 \lambda^2}{\lambda^2 + k}h(1) = d\tilde{h}'(1) + \frac{b^2 \lambda}{\lambda^2 + k}\tilde{h}(1) - \frac{b(-k\tilde{f} + \lambda \tilde{g})}{\lambda^2 + k}. \tag{5.3.19}$$

类似地, 将其代入 (5.3.15), 我们可得常数 c 的表达式, 从而可得 (f, g, h, q) 的表达式.

综上, 在任何情形下, 经过一系列的计算, 我们可得 (5.3.6) 的唯一解 (f, g, h, q). 这表明, $(\lambda I - \mathcal{A})^{-1}$ 存在且有界, 也就是说, $\lambda \in \rho(\mathcal{A})$. ∎

定理 5.3.5 设 $\mathcal{A}$ 由 (5.2.3) 给出, 那么 $\mathrm{Re}\lambda < 0$, $\forall \lambda \in \sigma_p(\mathcal{A})$.

证明: 根据引理 5.2.2,

$$\mathrm{Re}\lambda \leq 0, \ \forall \lambda \in \sigma_p(\mathcal{A}).$$

所以我们仅需证明虚轴上没有特征值. 设 $\lambda = ia \in \sigma_p(\mathcal{A})$, $a \in \mathbb{R}$, 且 $Z = (f, g, h, q) \in D(\mathcal{A})$ 是相应的特征函数, 那么由 (5.2.7) 可得

$$\mathrm{Re}\langle \mathcal{A}Z, Z \rangle = -d \int_0^1 |q'(x)|^2 dx = 0, \tag{5.3.20}$$

因此, $q'(x) = 0$. 由 $q(0) = 0$ 得: $q \equiv 0$. 进而, 根据 (5.3.1) 得: $h = f = g = 0$. 所以虚轴上没有特征值. ∎

5.4 系统 (5.2.4) 的指数稳定性

在这一部分, 我们将会给出系统算子的特征值和特征函数的渐近表达式, 并建立系统 (5.2.4) 的指数稳定性.

命题 5.4.1 设 $\mathcal{A}$ 由 (5.2.3) 给出, $\Delta(\lambda)$ 由 (5.3.7) 给出. 那么 $\mathcal{A}$ 的特征值有两个分支, 第一个分支为:

$$\lambda_{n1} = (-\frac{1}{d})^- + \varepsilon_n, \quad \text{其中,} \quad \varepsilon_n = \frac{1}{2d - n^2\pi^2 d^3} = \mathcal{O}(n^{-2}), \ n > N,$$

$$(5.4.1)$$

也就是说, 当 $n \to \infty$ 时, λ_{n1} 从 $-\frac{1}{d}$ 的左侧趋近于 $-\frac{1}{d}$; 特征值的另一个分支的渐近表达式如下:

$$\lambda_{n2} = -(n - \frac{1}{2})^2\pi^2 d + \frac{1}{d} + \mathcal{O}(n^{-2}), \ n > N, \qquad (5.4.2)$$

其中, N 为正整数. 因此, 当 $n \to \infty$ 时, $\mathrm{Re}\lambda_{n2} \to -\infty$.

证明: 由 $\Delta(\lambda) = 0$ 可得

$$(\lambda^2 + k)\sqrt{1 + d\lambda}(e^{\sqrt{\frac{\lambda^2}{1+d\lambda}}} + e^{-\sqrt{\frac{\lambda^2}{1+d\lambda}}}) + b^2\lambda(e^{\sqrt{\frac{\lambda^2}{1+d\lambda}}} - e^{-\sqrt{\frac{\lambda^2}{1+d\lambda}}}) = 0,$$

即

$$[(\lambda^2 + k)\sqrt{1 + d\lambda} + b^2\lambda]e^{2\sqrt{\frac{\lambda^2}{1+d\lambda}}} + [(\lambda^2 + k)\sqrt{1 + d\lambda} - b^2\lambda] = 0,$$

从而得

$$e^{2\sqrt{\frac{\lambda^2}{1+d\lambda}}} = -\frac{(\lambda^2 + k)\sqrt{1 + d\lambda} - b^2\lambda}{(\lambda^2 + k)\sqrt{1 + d\lambda} + b^2\lambda}$$

$$= -1 + \frac{2b^2}{\lambda\sqrt{1 + d\lambda} + k\dfrac{\sqrt{1 + d\lambda}}{\lambda} + b^2}. \qquad (5.4.3)$$

显然, $\lambda_{n1} = (-\frac{1}{d})^- + \dfrac{1}{2d - n^2\pi^2 d^3}$ $(n > N)$ 是 (5.4.3) 的渐近解.

另一方面, 当 $|\lambda| \to \infty$ 时, (5.4.3) 可写为

$$e^{2\sqrt{\frac{\lambda^2}{1+d\lambda}}} = -1 + \mathcal{O}(|\lambda|^{-\frac{3}{2}}), \tag{5.4.4}$$

直接计算可得

$$\sqrt{\frac{\lambda_{n2}^2}{1 + d\lambda_{n2}}} = i(n - \frac{1}{2})\pi + \mathcal{O}(n^{-3}), \ n > N, \tag{5.4.5}$$

其中, N 为正整数. 所以,

$$\frac{\lambda_{n2}^2}{1 + d\lambda_{n2}} = -(n - \frac{1}{2})^2\pi^2 + \mathcal{O}(n^{-2}), \ n > N. \tag{5.4.6}$$

即

$$\frac{1}{d}\lambda_{n2} - \frac{1}{d^2} = -(n - \frac{1}{2})^2\pi^2 + \mathcal{O}(n^{-2}), \ n > N. \tag{5.4.7}$$

从而

$$\lambda_{n2} = -(n - \frac{1}{2})^2\pi^2 d + \frac{1}{d} + \mathcal{O}(n^{-2}), \ n > N. \tag{5.4.8}$$

∎

注 5.4.1 从 (5.4.2) 式可以看出, 对于系统算子 $\mathcal{A}$ 的具有较大模的谱, 其主部与带有 K-V 阻尼的波动方程的谱的主部相同.

命题 5.4.2 设 $\{\lambda_{n1}, n \in \mathbb{N}\}$ 是系统算子 $\mathcal{A}$ 的特征值, 其渐近表达式由 (5.4.1) 式给出, 那么相应的特征函数 $\{(f_{n1}, g_{n1}, h_{n1}, q_{n1}), n \in \mathbb{N}\}$ 的渐近表达式为:

$$\begin{aligned} f_{n1} &= \mathcal{O}(n^{-2}), \quad g_{n1} = \mathcal{O}(n^{-2}), \quad n > N, \\ h_{n1} &= \frac{1}{n\pi}\sin n\pi x + \mathcal{O}(n^{-2}), \quad q_{n1} = \mathcal{O}(n^{-1}), \end{aligned} \tag{5.4.9}$$

其中, N 为正整数.

证明: 由 (5.4.1) 可以看出,

$$\frac{\lambda_{n1}^2}{1 + d\lambda_{n1}} = \frac{\frac{1}{d^2} + 2\varepsilon_n(-\frac{1}{d}) + \varepsilon_n^2}{d\varepsilon_n}$$

$$= -n^2\pi^2 + \mathcal{O}(n^{-2}). \tag{5.4.10}$$

因此, 结合 (5.3.11), 取

$$h_n(x) = -i \sinh in\pi x + \mathcal{O}(n^{-2})$$

$$= \sin n\pi x + \mathcal{O}(n^{-2}), \ n > N. \tag{5.4.11}$$

另外, 根据 (5.3.9) 的第三个等式, 易得

$$q_n(x) = \lambda_{n1}h_n(x) = -\frac{1}{d}\sin n\pi x + \mathcal{O}(n^{-2}). \tag{5.4.12}$$

因为

$$h_n'(1) = n\pi \cos n\pi + \mathcal{O}(n^{-1}) = (-1)^n n\pi + \mathcal{O}(n^{-1}), \tag{5.4.13}$$

所以由 (5.3.9) 的第二个等式, 我们得到 g_n 的表达式如下:

$$g_n = -\frac{d\varepsilon_n}{b}h_n'(1) = \mathcal{O}(n^{-1}), \tag{5.4.14}$$

且

$$f_n = \frac{g_n}{\lambda_{n1}} = \mathcal{O}(n^{-1}). \tag{5.4.15}$$

进而, 将上述函数单位化, 我们可以求得特征函数的渐近表达式 (5.4.9). ∎

命题 5.4.3 设 $\{\lambda_{n2}, n \in \mathbb{N}\}$ 是系统算子 $\mathcal{A}$ 的特征值, 其渐近表达式由 (5.4.2) 式给出, 那么相应的特征函数 $\{(f_{n2}, g_{n2}, h_{n2}, q_{n2}), n \in$

N} 的渐近表达式为:

$$
\begin{cases}
f_{n2} = \mathcal{O}(n^{-4}), \\[2mm]
g_{n2} = \mathcal{O}(n^{-2}), \\[2mm]
h_{n2} = \mathcal{O}(n^{-1}), \\[2mm]
q_{n2} = \sin(n - \dfrac{1}{2})\pi x + \mathcal{O}(n^{-3}),
\end{cases}
\qquad n > N, \qquad (5.4.16)
$$

其中, N 为正整数.

证明: 由 (5.3.11) 和 (5.4.5) 可知, 对应于特征值 λ_{n2} 的特征函数的渐近表达式为:

$$
\begin{aligned}
h_n(x) &= -i \sinh \sqrt{\frac{\lambda_{n2}^2}{1 + d\lambda_{n2}}} x \\
&= \sin(n - \frac{1}{2})\pi x + \mathcal{O}(n^{-3}), \ n > N. \qquad (5.4.17)
\end{aligned}
$$

另外, 根据 (5.3.9) 的第三个等式得

$$
\begin{aligned}
q_n(x) &= \lambda_{n2} h_n(x) \\
&= \Big[-(n - \frac{1}{2})^2 \pi^2 d + \frac{1}{d} \Big] \sin(n - \frac{1}{2})\pi x + \mathcal{O}(n^{-1}). \quad (5.4.18)
\end{aligned}
$$

因为

$$
h_n'(1) = (n - \frac{1}{2})\pi \cos(n - \frac{1}{2})\pi + \mathcal{O}(n^{-2}) = \mathcal{O}(n^{-2}), \qquad (5.4.19)
$$

所以由 (5.3.9) 的第二个等式可得

$$
g_n = -\frac{1 + d\lambda_{n2}}{b} h_n'(1) = \mathcal{O}(1). \qquad (5.4.20)
$$

因此,

$$
f_n = \frac{g_n}{\lambda_{n2}} = \mathcal{O}(n^{-2}). \qquad (5.4.21)
$$

进而, 将上述函数单位化, 我们可以求得特征函数的渐近表达式 (5.4.16).　■

下面证明系统算子 $\mathcal{A}$ 的 Riesz 基性质, 并建立系统 (5.2.4) 的指数稳定性.

定理 5.4.1 设 $\mathcal{A}$ 由 (5.2.3) 给出. 那么存在着一列广义本征函数构成 Hilbert 状态空间 $\mathcal{H}$ 的一组 Riesz 基, 且 $\mathcal{A}$ 的具有较大模的特征值都是代数单的. 进而, 由 $\mathcal{A}$ 所生成的半群 $e^{\mathcal{A}t}$ 是 Hilbert 状态空间 $\mathcal{H}$ 上的解析半群.

证明: 令

$$
\begin{cases}
e_1 = (1,0,0,0), \ e_2 = (0,1,0,0), \ n \in \mathbb{N}, \\
F_{n1} = \left(0,0,\dfrac{1}{n\pi}\sin n\pi x,0\right), F_{n2} = \left(0,0,0,\sin(n-\dfrac{1}{2})\pi x\right),
\end{cases}
$$

那么, $\{e_1, e_2, F_{n1}, F_{n2}, n \in \mathbb{N}\}$ 构成 $\mathcal{H}$ 的一组正交基.

令 $G_{ni} = (f_{ni}, g_{ni}, h_{ni}, q_{ni}), \ n \in \mathbb{N}, \ i = 1,2,$ 且 $f_{ni}, g_{ni}, h_{ni}, q_{ni}$ 分别由 (5.4.9) 和 (5.4.16) 式给出, 那么

$$
\sum_{n=N}^{\infty} \sum_{i=1}^{2} \|F_{ni} - G_{ni}\|_{\mathcal{H}}^2
$$

$$
= \sum_{n=N}^{\infty} \left(\sum_{i=1}^{2} (|f_{ni}|^2 + |g_{ni}|^2) + |q_{n1}|^2 + |h_{n2}|^2 \right)
$$

$$
= \sum_{n=N}^{\infty} \mathcal{O}(n^{-2}) < \infty. \tag{5.4.22}
$$

根据文献 [22] 中的定理 6.3 (称为改进的 Bari 定理) 可知, 存在系统算子 $\mathcal{A}$ 的一列广义特征函数构成 Hilbert 状态空间 $\mathcal{H}$ 的一组

Riesz 基, 且 $\mathcal{A}$ 的具有较大模的特征值都是代数单的. 另外, 由文献 [69] 中的定理 13 易知, $\mathcal{A}$ 生成 $\mathcal{H}$ 上的一个解析半群 $e^{\mathcal{A}t}$. ∎

定理 5.4.2 设 $\mathcal{A}$ 由 (5.2.3) 给出, 那么半群 $e^{\mathcal{A}t}$ 的谱确定增长条件成立, 即 $s(\mathcal{A}) = \omega(\mathcal{A})$. 进而, 系统 (5.2.4) 是指数稳定的.

证明: 由于 $\mathcal{A}$ 生成一个解析半群, 所以谱确定增长条件成立. 根据定理 5.3.1, 定理 5.3.4 和定理 5.3.5 可知, $\mathrm{Re}\lambda < 0$, $\forall \lambda \in \sigma(\mathcal{A})$. 因此, $e^{\mathcal{A}t}$ 是指数稳定的. ∎

5.5 数值应用

在这一部分, 我们利用 Matlab 数学软件对系统 (5.1.1) 进行数值模拟. 假设 $k = 5$, $b = 3$, $d = 2$, 初始条件为 $y(0) = 1$, $\dot{y}(0) = 0$, $v(x, 0) = 0$, $v_t(x, 0) = 0$, 那么, 根据有穷差分方法, 我们可以模拟系统 (5.1.1) 的近似解, 如图 5.1 和图 5.2 所示.

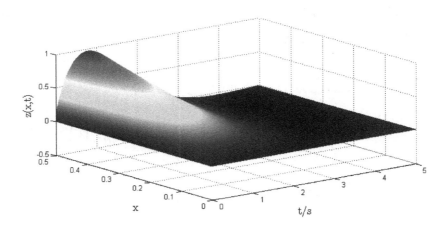

图 5.1 系统 (5.1.1) 的状态 $v(x, t)$ 的收敛性

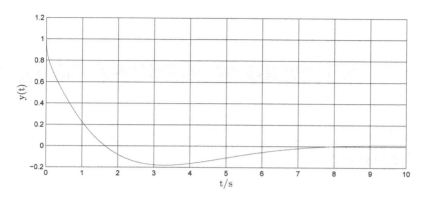

图 5.2 系统 (5.1.1) 的状态 $y(t)$ 的收敛性

5.6 本章小结

本章研究的是二阶 ODE 系统和带有 K-V 阻尼的波动方程通过边界连接所构成的 Wave−ODE 无穷维耦合系统, 利用谱分析方法和 Riesz 基性质, 我们给出了系统算子的谱的分布, 证明了该耦合系统是一个 Riesz 谱系统, 且谱确定增长条件成立. 由 (5.2.7) 式可知, 该耦合系统的耗散阻尼仅由波动方程产生. 因此, 我们可以把带有 K-V 阻尼的波方程看作整个系统的动态控制器. 与文献 [41, 121] 相比, 本章的不足之处在于, 所研究的 ODE 系统是二阶的, 并非一般 n 阶 ODE 的情形. 因此, 我们可以考虑将其推广到 n 阶 ODE 的情形, 分析波方程和 n 阶 ODE 在什么样的边界耦合条件下能够使整个系统指数镇定.

第六章 带小世界联接的时滞环形神经网络的稳定性

6.1 模型分析

小世界网络是介于规则网络与随机网络之间的一种网络形式, 通常在规则网络中引入随机不相邻节点之间的长联接获得. 目前, 大多数小世界网络模型具有二元特性, 即不同节点之间或者相连或者不相连, 节点之间的联接权值或者为 1 或者为 0. 但在实际应用中存在着许多联接权小世界网络模型, 且对这种网络模型的研究已引起人们广泛关注 [7, 8, 51, 52, 66, 71, 99, 140]. 研究结果表明, 小世界联接能给系统带来复杂的动力学影响, 研究带有联接权值的小世界模型, 并分析小世界联接强度对系统动力学的影响, 具有重要的理论与实际应用价值.

本章主要研究如下的具有小世界联接的时滞环形神经网络系统:

$$\dot{x}_i(t) = -kx_i(t) + \sum_{j=1}^{n} b_{ij} f\left(x_j(t-\tau)\right), \quad i = 1, 2, \cdots, n, \quad (6.1.1)$$

其中, $x_i(t)$ 表示第 i 个神经元的响应, $k > 0$ 表示神经元的增益, $f(u) = \tanh(u)$ 是神经元的激活函数, $\tau > 0$ 表示时滞, b_{ij} 表示第 i 个神经元与第 j 个神经元之间的联接权值, 且满足:

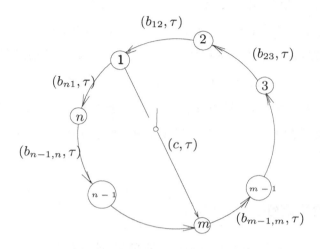

图 6.1 具有一个小世界联接的时滞环形神经网络结构

$$
b_{ij} = \begin{cases}
\neq 0, & i = 1, 2, \cdots, n-1, \ j = i+1, \\
c, & i = m, j = 1, \\
\neq 0, & i = n, j = 1, \\
0, & \text{其它}.
\end{cases}
$$

特别地, $b_{m1} = c \neq 0$ 表示小世界联接强度. 为简单, 此处假设在网络中只存在一个小世界联接, 如图 6.1 所示. 对于时滞系统 (6.1.1), 徐旭和王在华在文献 [104] 中表明, 小世界联接可以看成是控制系统动力性能的一个简单有效的 "开关". 该文献不仅给出与时滞无关的稳定性条件, 并进一步证明, 小世界联接缩短了时滞 τ 的全局稳定性区间.

本章利用算子半群理论和谱分析方法建立系统 (6.1.1) 的指数

稳定性, 并讨论小世界联接权值对系统稳定性的影响. 6.2 节首先将问题改写为一个 PDE–ODE 无穷维耦合系统, 进一步将其转化为抽象发展方程的形式, 并利用 C_0 半群理论来研究系统的适定性. 6.3 节研究系统算子的谱的性质以及系统算子的特征值的渐近表达式. 6.4 节建立系统 (6.1.1) 的谱确定增长条件和指数稳定性. 6.5 节讨论小世界联接权值 c 的与时滞无关的稳定性区间. 6.6 节进行数值仿真.

6.2 系统的适定性

本节首先将系统 (6.1.1) 转化为抽象发展方程的形式, 再利用算子半群理论研究系统的适定性.

6.2.1 模型的重建

因为 $f'(0) = 1$, 因此系统 (6.1.1) 的线性化方程的向量形式为:

$$\dot{y}(t) = -ky(t) + By(t - \tau), \tag{6.2.1}$$

其中, $y(t) = (x_1(t), x_2(t), \cdots, x_n(t))^T$, "$T$" 表示向量或矩阵的转置,

$$B = \{b_{ij}\}_{i,j=1}^n = \begin{bmatrix} 0 & b_{12} & 0 & 0 & 0 & \cdots & 0 \\ 0 & 0 & b_{23} & 0 & 0 & \cdots & 0 \\ \vdots & \vdots & \ddots & \ddots & \vdots & \vdots & \vdots \\ c & 0 & 0 & \ddots & b_{m,m+1} & \cdots & 0 \\ \vdots & \vdots & \vdots & \vdots & 0 & \ddots & \vdots \\ 0 & 0 & 0 & \cdots & 0 & \ddots & b_{(n-1)n} \\ b_{n1} & 0 & 0 & \cdots & 0 & \cdots & 0 \end{bmatrix}. \tag{6.2.2}$$

114

由于一阶双曲 PDE 系统

$$\begin{cases} v_t(x,t) = v_x(x,t), \ x \in (0,\tau), \ t > 0, \\ v(\tau,t) = y(t) \end{cases}$$

的解可表示为: $v(x,t) = y(t+x-\tau)$, 故系统 (6.2.1) 可写为如下 PDE–ODE 无穷维耦合系统的形式:

$$\begin{cases} \dot{y}(t) = -ky(t) + Bv(0,t), \\ v_t(x,t) = v_x(x,t), \ x \in (0,\tau), \ t \geq 0, \\ v(\tau,t) = y(t). \end{cases} \tag{6.2.3}$$

6.2.2 系统 (6.2.3) 的适定性

令 $X(t) = (y(t), v(\cdot,t))$, 那么系统 (6.2.3) 可化为:

$$\begin{cases} \dot{X}(t) = (-ky(t) + Bv(0,t), v'), \\ v(\tau,t) = y(t). \end{cases} \tag{6.2.4}$$

在 Hilbert 空间

$$\mathcal{H} = \mathbb{C}^n \times L^2(0,\tau)$$

中考虑系统 (6.2.3), 其内积定义为: $\forall X = (x,f) \in \mathcal{H}, Y = (y,g) \in \mathcal{H}$,

$$\langle X, Y \rangle_{\mathcal{H}} = \langle x, y \rangle_{\mathbb{C}^n} + \int_0^\tau \langle f(s), g(s) \rangle_{\mathbb{C}^n} \, ds. \tag{6.2.5}$$

定义线性算子 $\mathcal{A}: D(\mathcal{A})(\subseteq \mathcal{H}) \to \mathcal{H}$ 如下:

$$\begin{cases} \mathcal{A}(x,f) = (-kx + Bf(0), f'), \\ D(\mathcal{A}) = \left\{ (x,f) \in \mathcal{H} \mid f \in H^1(0,\tau), \ f(\tau) = x \right\}. \end{cases} \tag{6.2.6}$$

那么, 系统 (6.2.3) 可进一步写成 $\mathcal{H}$ 上的抽象发展方程的形式:

$$\begin{cases} \dot{X}(t) = \mathcal{A}X(t), \ t > 0, \\ X(0) = X_0, \end{cases} \tag{6.2.7}$$

其中, $X(t) = (y(t), v(\cdot, t))$.

下面给出系统算子 $\mathcal{A}$ 的性质.

引理 6.2.1 设 $\mathcal{A}$ 由 (6.2.6) 给出, 定义:

$$\langle X, Y \rangle_1 = \langle x, y \rangle_{\mathbb{C}^n} + \int_0^\tau q(s) \langle f(s), g(s) \rangle_{\mathbb{C}^n} \, ds, \tag{6.2.8}$$

其中, $X = (x, f) \in \mathcal{H}$, $Y = (y, g) \in \mathcal{H}$, 并且,

$$q(s) = \tau^{-2} \|B\|^2 s^2 + 1 > 0$$

是 $[0, \tau]$ 上的有界函数. 那么 $\langle \cdot, \cdot \rangle_1$ 是 $\mathcal{H}$ 上的一个内积, 且等价于内积 (6.2.5) 式. 进一步, 存在一个正常数 M 使得

$$\mathrm{Re} \langle \mathcal{A}X, X \rangle_1 \le M \langle X, X \rangle_1, \quad \forall X \in D(\mathcal{A}). \tag{6.2.9}$$

因此, $\mathcal{A} - M$ 在 $\mathcal{H}$ 上是耗散的.

证明: 由于该证明类似于第二章引理 2.2.2 或第三章引理 3.2.1, 故此处省略不证. ∎

引理 6.2.2 设 $\mathcal{A}$ 由 (6.2.6) 给出, 令

$$\Delta(\lambda) = \lambda + k - B e^{-\lambda \tau}, \ \lambda \in \mathbb{C}. \tag{6.2.10}$$

如果 $\det \Delta(\lambda) \neq 0$, 那么 $\lambda \in \rho(\mathcal{A})$. 进而, $\mathcal{A}$ 的预解式 $(\lambda - \mathcal{A})^{-1}$ 是

紧的, 且有如下的表达式:

$$\begin{cases} (\lambda - \mathcal{A})^{-1}Y = X \in D(\mathcal{A}), \ \forall \ Y = (y, g(s))^T \in \mathcal{H}, \\ x = \Delta(\lambda)^{-1}\Big[y + B\int_0^\tau e^{-\lambda r}g(r)dr\Big], \\ f(s) = e^{\lambda s}x + \int_s^\tau e^{\lambda(s-r)}g(r)dr. \end{cases} \tag{6.2.11}$$

特别地, $\sigma(\mathcal{A}) = \{\lambda \in \mathbb{C} \mid \det\Delta(\lambda) = 0\}$.

证明: 由于该证明只是简单的计算, 且类似于第三章引理 3.2.2, 故此处省略不证. ∎

根据引理 6.2.1 和引理 6.2.2, 我们可以得到系统 (6.2.7) 的适定性.

定理 6.2.1 已知 $\mathcal{A}$ 由 (6.2.6) 式给出. 那么 $\mathcal{A}$ 生成了 $\mathcal{H}$ 上的一个 C_0 半群.

6.3　系统算子的谱分析

本节主要分析系统算子 $\mathcal{A}$ 的谱的分布. 由引理 6.2.2 知道, $\lambda \in \sigma(\mathcal{A})$ 当且仅当 $\det\Delta(\lambda) = 0$. 于是我们仅需要讨论 $\det\Delta(\lambda) = 0$ 的根.

注意到

$$\begin{aligned} \det\Delta(\lambda) &= \det(\lambda + k - Be^{-\lambda\tau}) \\ &= (\lambda + k)^n - c\gamma e^{-\lambda m\tau}(\lambda + k)^{n-m} - \alpha e^{-\lambda n\tau}, \end{aligned} \tag{6.3.1}$$

其中,

$$\alpha = \Pi_{j=1}^n b_{j,j+1}, \ \gamma = \Pi_{j=1}^{m-1} b_{j,j+1}.$$

117

很显然, (6.3.1) 有无穷多个根且很难求出. 因此, 我们首先来讨论矩阵 B 的特征值, 并建立 (6.3.1) 的根与矩阵 B 的特征值之间的关系.

引理 6.3.1 ([6], 引理 2.1) 设 λ 是 (6.3.1) 的根, 那么存在着 B 的一个特征值 d, 满足 $d = (k + \lambda)e^{\lambda\tau}$. 反过来, 任给矩阵 B 的一个特征值 d, 那么方程 $d = (k + \lambda)e^{\lambda\tau}$ 的解一定是 (6.3.1) 的根.

于是, 研究 "$\det \Delta(\lambda) = 0$ 的根" 的问题即转化为研究方程 "$d = (k + \lambda)e^{\lambda\tau}$ 的根". 为简单, 记

$$h(\lambda) = \lambda + k - de^{-\lambda\tau}, \tag{6.3.2}$$

其中, $d = Re^{i\theta}(R \geq 0, 0 \leq \theta < 2\pi)$ 表示矩阵 B 的特征值.

引理 6.3.2 ([6], 推论 2.3 和推论 2.7) 矩阵 B 的全体特征值 d_i 满足

$$|d_i| < k, \ \forall i = 1, 2, \cdots, n, \tag{6.3.3}$$

当且仅当对任意的时滞 τ, (6.3.1) 或 (6.3.2) 的根具有负实部.

注 6.3.1 条件 (6.3.3) 式称为与时滞无关的渐近稳定性条件.

下面分析方程 $h(\lambda) = \lambda + k - de^{-\lambda\tau} = 0$ 的根的分布.

引理 6.3.3 设 $h(\lambda)$, $\lambda \in \mathbb{C}$ 由 (6.3.2) 给出, 且条件 (6.3.3) 成立, 那么 $h(\lambda) = 0$ 至多有两个实根, 且每一个实根都小于零.

证明: 如果 d 是复数, 则由 (6.3.2) 易知, $h(\lambda)$ 没有实根. 如果 d 是实数, 即: $d = \pm R$, 那么,

$$h'(\lambda) = 1 + d\tau e^{-\lambda\tau} = 1 \pm R\tau e^{-\lambda\tau}.$$

下面分情形讨论:

(i) 如果 $d = R$, 那么

$$h(\lambda) = \lambda + k - Re^{-\lambda\tau}, \quad h'(\lambda) = 1 + R\tau e^{-\lambda\tau} > 0.$$

所以, $h(\lambda)$ 是单调递增的. 注意到

$$\lim_{\lambda \to -\infty} h(\lambda) = -\infty, \ \lim_{\lambda \to 0} h(\lambda) = k - R > 0, \ \lim_{\lambda \to +\infty} h(\lambda) = +\infty,$$

因此, $h(\lambda) = 0$ 仅有一个负实根.

(ii) 如果 $d = -R$, 那么

$$h(\lambda) = \lambda + k + Re^{-\lambda\tau},$$

$$h'(\lambda) = 1 - R\tau e^{-\lambda\tau},$$

$$h''(\lambda) = R\tau^2 e^{-\lambda\tau} > 0.$$

如果 $h'(\lambda) = 0$, 那么存在唯一的极小值点 $\lambda_0 = -\tau^{-1}\ln(1/R\tau)$. 另一方面, 注意到

$$\lim_{\lambda \to -\infty} h(\lambda) = +\infty, \ \lim_{\lambda \to 0} h(\lambda) = k + R > 0, \ \lim_{\lambda \to +\infty} h(\lambda) = +\infty,$$

那么 $h(\lambda)$ 的大致图像仅有五种可能, 如图 6.2 所示. 从图像显然可以看出, $h(\lambda)$ 至多有两个实根, 并且小于零. ∎

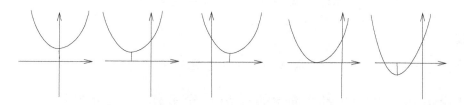

图 6.2 $h(\lambda)$ 的草图

119

引理 6.3.4 设 $h(\lambda)$, $\lambda \in \mathbb{C}$ 由 (6.3.2) 给出, 且条件 (6.3.3) 成立. 那么 $h(\lambda)$ 在左半开复平面 $\mathbb{C}^-$ 上有无穷多个根 λ_n, $n \in \mathbb{N}$, 且这些根满足:

$$\text{Re}\lambda_n \to -\infty, \quad \text{当 } n \to \infty \text{ 时.} \tag{6.3.4}$$

证明: 因为 $h(\lambda)$ 是关于 λ 的整函数, 所以在复平面上有无穷多个根. 另外, 根据引理 6.3.2, 这些根位于左半开复平面上. 因此, 如果 $|\lambda|$ 充分大, 并且 $\text{Re}\lambda$ 有界时, 我们有:

$$|h(\lambda)| \geq |\lambda| - k - |d|e^{-\tau \text{Re}\lambda} > 0.$$

于是, 当 $n \to \infty$ 时, $\text{Re}\lambda_n \to -\infty$. ∎

引理 6.3.5 设 $h(\lambda)$, $\lambda \in \mathbb{C}$ 由 (6.3.2) 给出, 那么 $h(\lambda)$ 至多有一个二重根.

证明: 如果 λ 是 $h(\lambda)$ 的一个二重根, 那么,

$$\begin{cases} h(\lambda) = \lambda + k - de^{-\lambda\tau} = 0, \\ h'(\lambda) = 1 + d\tau e^{-\lambda\tau} = 0. \end{cases}$$

于是,

$$de^{-\lambda\tau} = -\frac{1}{\tau}, \quad \lambda + k + \frac{1}{\tau} = 0.$$

故

$$\lambda = -k - \frac{1}{\tau} \in \mathbb{R}^-,$$

这说明 $h(\lambda)$ 的复根都是简单的且 $h(\lambda)$ 至多有一个二重实根. ∎

下面分析 $h(\lambda)$ 的根的渐近表达式.

命题 6.3.1 设 $h(\lambda)$ 由 (6.3.2) 给出, 且条件 (6.3.3) 成立. 那么

$$h(\lambda) = \lambda + k - de^{-\lambda\tau} \ (d = Re^{i\theta})$$

的根为

$$\sigma(h(\lambda)) = \{\xi_n,\ \overline{\xi_n}\}_{n\in\mathbb{N}} \cup \{\nu_i\}, i \in I, \tag{6.3.5}$$

其中, ν_i 是 $h(\lambda)$ 的实根, $I \subseteq \{1,2\}$, 且 ξ_n 有如下的渐近表达式:

$$\xi_n = \frac{1}{\tau}\left[\ln R - \ln \frac{\theta + \left(2n - \dfrac{1}{2}\right)\pi}{\tau}\right]$$

$$+i\left[\frac{\theta + \left(2n - \dfrac{1}{2}\right)\pi}{\tau} - \frac{\ln \dfrac{\theta + \left(2n - \dfrac{1}{2}\right)\pi}{\tau}}{\tau\left[\theta + \left(2n - \dfrac{1}{2}\right)\pi\right]}\right]$$

$$+\mathcal{O}(n^{-1}). \tag{6.3.6}$$

证明: $h(\lambda)$ 的实根已经在引理 6.3.3 中进行了讨论, 记为 ν_i, $i \in I$, I 是 $\{1,2\}$ 的一个子集, 也就是说, $I = \emptyset$, $\{1\}$ 或者 $\{1,2\}$.

由于 $h(\lambda)$ 的复根关于实轴对称, 所以我们仅需考虑 $h(\lambda)$ 位于上半复平面的根.

设 $\xi = x + iy \ (y > 0)$ 是 $h(\lambda)$ 的一个根, 则由 $h(\xi) = 0$ 得

$$x + iy + k - Re^{i\theta}e^{-(x+iy)\tau} = 0,$$

即

$$x + iy + k - Re^{-x\tau}e^{i(\theta - y\tau)} = 0,$$

从而

$$x + k - Re^{-x\tau}\cos(\theta - y\tau) = 0 \tag{6.3.7}$$

且

$$y - Re^{-x\tau}\sin(\theta - y\tau) = 0. \tag{6.3.8}$$

由 (6.3.8) 直接计算可得

$$e^{x\tau} = \frac{R\sin(\theta - y\tau)}{y}. \tag{6.3.9}$$

将其代入 (6.3.7) 得

$$x = -k + \frac{y\cos(\theta - y\tau)}{\sin(\theta - y\tau)}. \tag{6.3.10}$$

根据 (6.3.9) 以及 $y > 0$, 易知: $\sin(\theta - y\tau) > 0$, 故

$$\theta - y\tau \in (-2n\pi, \, (-2n+1)\pi), \quad n \in \mathbb{N}, \tag{6.3.11}$$

且

$$y \in \left(\frac{\theta + (2n-1)\pi}{\tau}, \, \frac{\theta + 2n\pi}{\tau}\right), \quad n \in \mathbb{N}. \tag{6.3.12}$$

进一步, 由 (6.3.9) 可得

$$x = \frac{1}{\tau}\ln\frac{R\sin(\theta - y\tau)}{y}. \tag{6.3.13}$$

将其代入 (6.3.10) 的左端得

$$\ln\left(R\sin(\theta - y\tau)\right) - \ln y + k\tau - \frac{y\tau\cos(\theta - y\tau)}{\sin(\theta - y\tau)} = 0.$$

令

$$g(y) = \ln\left(R\sin(\theta - y\tau)\right) - \ln y + k\tau - \frac{y\tau\cos(\theta - y\tau)}{\sin(\theta - y\tau)},$$

那么, 结合 (6.3.12) 可得

$$g'(y) = \frac{-\tau y \sin 2(\theta - y\tau) - \sin^2(\theta - y\tau) - \tau^2 y^2}{y \sin^2(\theta - y\tau)} < 0.$$

考虑到

$$\lim_{y \to \frac{\theta + (2n-1)\pi}{\tau}} g(y) = +\infty, \qquad \lim_{y \to \frac{\theta + 2n\pi}{\tau}} g(y) = -\infty.$$

因此, 在每一个区间

$$\left(\frac{\theta + (2n-1)\pi}{\tau}, \; \frac{\theta + 2n\pi}{\tau} \right), \quad n \in \mathbb{N}$$

上存在着唯一一个根 y_n $(n \in \mathbb{N})$ 使得 $g(y_n) = 0$.

任给 $n \in \mathbb{N}$, 取

$$x_n = \frac{1}{\tau} \ln \frac{R \sin(\theta - y_n\tau)}{y_n}, \tag{6.3.14}$$

那么 $\xi_n = x_n + iy_n$ 是 $h(\lambda)$ 的一个根.

当 $y_n > R$ 时, $x_n < 0$, 因此, 当 $n \to +\infty$ 时,

$$y_n \to +\infty, \; x_n \to -\infty. \tag{6.3.15}$$

另外, 根据 (6.3.9) 和 (6.3.10), 分别可得

$$\sin(\theta - y_n\tau) = \frac{y_n e^{x_n\tau}}{R} \quad \text{和} \quad \sin(\theta - y_n\tau) = \frac{y_n \cos(\theta - y_n\tau)}{x_n + k}.$$

这说明

$$\cos(\theta - y_n\tau) = \frac{1}{R}(x_n + k)e^{x_n\tau}. \tag{6.3.16}$$

从而, 考虑到 $x_n < 0$ 且 $x_n \to -\infty$, 可得

$$\exists N, \text{使得: 当 } n \geq N \text{ 时}, \; x_n + k < 0,$$

123

故 $\cos(\theta - y_n\tau) < 0$. 结合 (6.3.12) 可得

$$y_n \in \left(\frac{\theta + (2n-1)\pi}{\tau}, \frac{\theta + \left(2n - \dfrac{1}{2}\right)\pi}{\tau} \right), \ n \in \mathbb{N}, \ n \geq N.$$

$$(6.3.17)$$

进一步, 根据 (6.3.15) 和 (6.3.16), 当 $n \to +\infty$ 时,

$$(x_n + k)e^{x_n\tau} \to 0, \ \cos(\theta - y_n\tau) \to 0, \ \theta - y_n\tau \to \left(-2n + \frac{1}{2}\right)\pi.$$

因此, y_n 的渐近表达式如下:

$$y_n = \frac{\theta + \left(2n - \dfrac{1}{2}\right)\pi + \varepsilon_n}{\tau}, \quad \varepsilon_n \in \left(-\frac{\pi}{2}, 0\right), \qquad (6.3.18)$$

其中, 当 $n \to +\infty$ 时, $\varepsilon_n \to 0$. 将 (6.3.18) 代入 $g(y_n) = 0$ 中得

$$0 = g(y_n) = \ln\left(R\sin(\theta - y_n\tau)\right) - \ln y_n + k\tau - \frac{y_n\tau\cos(\theta - y_n\tau)}{\sin(\theta - y_n\tau)}.$$

于是,

$$\ln R + \ln(\cos\varepsilon_n) - \ln y_n + k\tau - \frac{y_n\tau\sin\varepsilon_n}{\cos\varepsilon_n} = 0,$$

且

$$\sin\varepsilon_n = (\cos\varepsilon_n)\left[\frac{\ln R}{y_n\tau} + \frac{\ln\cos\varepsilon_n}{y_n\tau} - \frac{\ln y_n}{y_n\tau} + \frac{k\tau}{y_n\tau}\right].$$

利用泰勒展开可得

$$\sin\varepsilon_n = -\frac{\ln y_n}{y_n\tau} + \mathcal{O}(n^{-1}), \ n \to +\infty.$$

注意到 $\sin \varepsilon_n = \varepsilon_n - \dfrac{\varepsilon_n^3}{3!} + \cdots$, 故

$$\varepsilon_n = -\frac{\ln \dfrac{\theta + \left(2n - \dfrac{1}{2}\right)\pi}{\tau}}{\theta + \left(2n - \dfrac{1}{2}\right)\pi} + \mathcal{O}(n^{-1}).$$

因此, 根据 (6.3.18), 我们最终获得了 y_n 的渐近表达式:

$$y_n = \frac{\theta + \left(2n - \dfrac{1}{2}\right)\pi}{\tau} - \frac{\ln \dfrac{\theta + \left(2n - \dfrac{1}{2}\right)\pi}{\tau}}{\tau \left[\theta + \left(2n - \dfrac{1}{2}\right)\pi\right]} + \mathcal{O}(n^{-1}), \quad (6.3.19)$$

将其代入 (6.3.14) 可以得到 x_n 的渐近表达式:

$$\begin{aligned}
x_n &= \frac{1}{\tau}\left(\ln R + \ln \cos \varepsilon_n - \ln y_n\right)\\
&= \frac{1}{\tau}\left[\ln R - \ln \frac{\theta + \left(2n - \dfrac{1}{2}\right)\pi}{\tau}\right] + \mathcal{O}(n^{-1}).
\end{aligned}$$

综上, 我们可得 $\xi_n = x_n + iy_n$ 的渐近表达式 (6.3.6). ∎

综合引理 6.3.2, 引理 6.3.3, 引理 6.3.4, 引理 6.3.5 和命题 6.3.1, 易知系统算子 $\mathcal{A}$ 的谱的分布.

定理 6.3.1 设 $\mathcal{A}$ 由 (6.2.6) 式给出, 且条件 (6.3.3) 成立, 那么系统算子 $\mathcal{A}$ 的谱的分布情况如下:

(1) 任给 $\lambda \in \sigma(\mathcal{A})$, $\mathrm{Re}\lambda < 0$;

(2) 系统算子 $\mathcal{A}$ 在左半开复平面上有无穷多个特征值 λ_n $(n \in$

N), 且满足: 当 $n \to \infty$ 时, $\mathrm{Re}\lambda_n \to -\infty$;

(3) 系统算子 $\mathcal{A}$ 至多有 $2n$ 个实特征值;

(4) 系统算子 $\mathcal{A}$ 至多有 n 个二重特征值, 且均为实的;

(5) 系统算子 $\mathcal{A}$ 的谱集为:

$$\sigma(\mathcal{A}) = \bigcup_{s=1}^{n} \sigma(h(\lambda, d_s)), \tag{6.3.20}$$

其中, $h(\lambda, d_s) = \lambda + k - d_s e^{-\lambda \tau}$, $d_s = R_s e^{i\theta_s}$ $(s = 1, 2, \ldots, n)$ 是矩阵 B 的特征值, $h(\lambda, d_s)$ 的根由命题 6.3.1 给出.

6.4 谱确定增长条件和指数稳定性

本节建立系统 (6.2.7) 的谱确定增长条件和指数稳定性, 由于如下两结论的证明过程与第三章定理 3.4.1 和定理 3.4.2 的证明完全类似, 故此处省略.

定理 6.4.1 设 $\mathcal{A}$ 由 (6.2.6) 给出, 那么半群 $e^{\mathcal{A}t}$ 的谱确定增长条件成立, 即: $s(\mathcal{A}) = \omega(\mathcal{A})$.

定理 6.4.2 设 $\mathcal{A}$ 由 (6.2.6) 给出, 且条件 (6.3.3) 成立. 那么由系统算子 $\mathcal{A}$ 生成的半群 $e^{\mathcal{A}t}$ 是指数稳定的, 也就是说, 存在常数 $M > 0$, 和 $\omega > 0$ 使得

$$\|e^{\mathcal{A}t}\| \le M e^{-\omega t}.$$

6.5 小世界联接权值 c 与系统稳定性之间的关系

本节研究小世界联接权值 c 与系统的稳定性之间的关系, 且建

立小世界联接权值 c 的与时滞无关的稳定性区间. 我们将从矩阵 B 的特征值开始展开讨论.

简单计算可得, 矩阵 B 的特征方程为:

$$d^n - c\gamma d^{n-m} - \alpha = 0, \tag{6.5.1}$$

其中,

$$\alpha = \Pi_{j=1}^{n} b_{j,j+1}, \ \gamma = \Pi_{j=1}^{m-1} b_{j,j+1}. \tag{6.5.2}$$

令 $d = k\mu$, 那么 (6.5.1) 可写为:

$$F(\mu) = \mu^n - c\gamma k^{-m}\mu^{n-m} - \alpha k^{-n} = 0, \tag{6.5.3}$$

且条件 (6.3.3) 可写为:

$$|\mu| < 1, \tag{6.5.4}$$

也就是说, 与时滞无关的稳定性条件等价于方程 $F(\mu) = 0$ 的根位于单位圆内. 我们将采用 Schur-Cohn 准则 (见文献 [38], 第 34-36 页或文献 [50], 命题 5.3, 第 27 页) 来说明 $F(\mu)$ 的根位于单位圆内时, 长联接权值 c 与参数 k, γ, α 之间的关系. 为方便, 我们将其列在下面.

命题 6.5.1 实系数多项式

$$F(\mu) = a_n\mu^n + a_{n-1}\mu^{n-1} + \cdots + a_1\mu + a_0, a_n > 0$$

的全体根位于单位圆内, 当且仅当:

$$F(1) > 0, \ (-1)^n F(-1) > 0,$$

127

且 $(n-1) \times (n-1)$ Jury 矩阵

$$
\Delta_{n-1}^{\pm} = \begin{pmatrix} a_n & 0 & 0 & \cdots & 0 \\ a_{n-1} & a_n & 0 & \cdots & 0 \\ a_{n-2} & a_{n-1} & a_n & \cdots & 0 \\ \vdots & \vdots & \vdots & \ddots & \vdots \\ a_2 & a_3 & a_4 & \cdots & a_n \end{pmatrix} \pm \begin{pmatrix} 0 & 0 & \cdots & 0 & a_0 \\ 0 & 0 & \cdots & a_0 & a_1 \\ \vdots & \vdots & \vdots & & \vdots \\ 0 & a_0 & \cdots & a_{m-4} & a_{m-3} \\ a_0 & a_1 & \cdots & a_{m-3} & a_{m-2} \end{pmatrix}
$$

的内子矩阵的行列式均大于 0. 这里, 一个方阵的内子矩阵指的是这个方阵本身以及依次划掉这个方阵的第一行第一列和最后一行最后一列所得到的一系列子方阵. 比如, 一个五阶方阵

$$
M = \begin{pmatrix} a_{11} & a_{12} & a_{13} & a_{14} & a_{15} \\ a_{21} & a_{22} & a_{23} & a_{24} & a_{25} \\ a_{31} & a_{32} & a_{33} & a_{34} & a_{35} \\ a_{41} & a_{42} & a_{43} & a_{44} & a_{45} \\ a_{51} & a_{52} & a_{53} & a_{54} & a_{55} \end{pmatrix}
$$

的内子矩阵除了方阵 M 本身以外, 还包括三阶方阵

$$
\begin{pmatrix} a_{22} & a_{23} & a_{24} \\ a_{32} & a_{33} & a_{34} \\ a_{42} & a_{43} & a_{44} \end{pmatrix}
$$

和一阶方阵 (a_{33}).

根据命题 6.5.1, 我们易得关于 c 的与时滞无关的稳定性区间.

定理 6.5.1 假设 $F(\mu)$ 的所有根均位于单位圆内, 那么

$$
1 + (-1)^{m+1} c\gamma k^{-m} + (-1)^{n+1}\alpha k^{-n} > 0 \quad \text{和} \quad 1 - c\gamma k^{-m} - \alpha k^{-n} > 0
$$

成立. 具体地, 分以下四种情形:

情形 1: 如果 n 是偶数, m 是奇数, 那么

$$\begin{cases} \gamma^{-1}k^m(-1+\alpha k^{-n}) < c < \gamma^{-1}k^m(1-\alpha k^{-n}), & \text{如果 } \gamma > 0, \\ \gamma^{-1}k^m(1-\alpha k^{-n}) < c < \gamma^{-1}k^m(-1+\alpha k^{-n}), & \text{如果 } \gamma < 0; \end{cases}$$

情形 2: 如果 n 和 m 都是偶数, 那么

$$\begin{cases} c < \gamma^{-1}k^m(1-\alpha k^{-n}), & \text{如果 } \gamma > 0, \\ c > \gamma^{-1}k^m(1-\alpha k^{-n}), & \text{如果 } \gamma < 0; \end{cases}$$

情形 3: 如果 n 和 m 都是奇数, 那么

$$\begin{cases} \gamma^{-1}k^m(-1-\alpha k^{-n}) < c < \gamma^{-1}k^m(1-\alpha k^{-n}), & \text{如果 } \gamma > 0, \\ \gamma^{-1}k^m(1-\alpha k^{-n}) < c < \gamma^{-1}k^m(-1-\alpha k^{-n}), & \text{如果 } \gamma < 0; \end{cases}$$

情形 4: 如果 n 是奇数, m 是偶数, 那么

$$\begin{cases} c < \min\{\gamma^{-1}k^m(1+\alpha k^{-n}), \gamma^{-1}k^m(1-\alpha k^{-n})\}, & \text{如果 } \gamma > 0, \\ c > \max\{\gamma^{-1}k^m(1+\alpha k^{-n}), \gamma^{-1}k^m(1-\alpha k^{-n})\}, & \text{如果 } \gamma < 0. \end{cases}$$

证明: 根据 Schur-Cohn 准则,

$$(-1)^n F(-1) > 0, \quad F(1) > 0.$$

将其代入 (6.5.3) 得

$$1 + (-1)^{m+1}c\gamma k^{-m} + (-1)^{n+1}\alpha k^{-n} > 0, \tag{6.5.5}$$

且

$$1 - c\gamma k^{-m} - \alpha k^{-n} > 0. \tag{6.5.6}$$

于是,

$$\begin{cases} c < \gamma^{-1}k^m(1-\alpha k^{-n}), & \text{如果 } \gamma > 0, \\ c > \gamma^{-1}k^m(1-\alpha k^{-n}), & \text{如果 } \gamma < 0. \end{cases}$$

进而, 当 n 是偶数, m 是奇数时, (6.5.5) 变为

$$1 + c\gamma k^{-m} - \alpha k^{-n} > 0,$$

由此可知, 情形 1 成立. 其他情形类似可证. ∎

接下来, 对于给定的 m 和 n, 我们给出长联接权值 c 的与时滞无关的稳定性区间. 为方便, 记

$$A_{n,m}^\pm = \gamma^{-1}k^m(1 \pm \alpha k^{-n}), \quad B_{n,m}^\pm = \pm\gamma^{-1}k^m(1 - \alpha^2 k^{-2n}).$$

定理 6.5.2 (i) 当 $n=3, m=2$ 时, $F(\mu)$ 的全体根位于单位圆内, 当且仅当:

$$\begin{cases} B_{3,2}^- < c < \min\{B_{3,2}^+, A_{3,2}^-, A_{3,2}^+\}, & \text{如果 } \gamma > 0, \\ \max\{B_{3,2}^+, A_{3,2}^-, A_{3,2}^+\} < c < B_{3,2}^-, & \text{如果 } \gamma < 0. \end{cases}$$

(ii) 当 $n=4, m=2$ 时, $F(\mu)$ 的全体根位于单位圆内, 当且仅当:

$$1 \mp \alpha k^{-4} > 0 \quad \text{且} \quad |c| < |\gamma|^{-1}k^2(1-\alpha k^{-4}).$$

(iii) 当 $n=4, m=3$ 时, $F(\mu)$ 的全体根位于单位圆内, 当且仅当: $1 \mp \alpha k^{-4} > 0$, 且

$$|c| < |\gamma|^{-1}k^3 \min\left\{1-\alpha k^{-4}, (1-\alpha k^{-4})(1+\alpha k^{-4})^{\frac{1}{2}}, \right.$$
$$\left. (1+\alpha k^{-4})(1-\alpha k^{-4})^{\frac{1}{2}}\right\}. \quad (6.5.7)$$

(iv) 当 $n = 5, m = 2$ 时, $F(\mu)$ 的全体根位于单位圆内, 当且仅当:

$$1 - \alpha^2 k^{-10} > 0,$$

且

$$\begin{cases} \dfrac{\Lambda_1 - \sqrt{\Lambda_2}}{2\gamma^2 \alpha^2 k^{-14}} < c < \min\left\{ A_{5,2}^-, A_{5,2}^+, \dfrac{-\Lambda_1 + \sqrt{\Lambda_2}}{2\gamma^2 \alpha^2 k^{-14}} \right\}, & \text{如果 } \gamma > 0, \\[4mm] \max\left\{ A_{5,2}^-, A_{5,2}^+, \dfrac{-\Lambda_1 - \sqrt{\Lambda_2}}{2\gamma^2 \alpha^2 k^{-14}} \right\} < c < \dfrac{\Lambda_1 + \sqrt{\Lambda_2}}{2\gamma^2 \alpha^2 k^{-14}}, & \text{如果 } \gamma > 0, \end{cases}$$

其中,

$$\Lambda_1 = \gamma k^{-2}(1 - \alpha^2 k^{-10}),$$

$$\Lambda_2 = \gamma^2 k^{-4}(1 - \alpha^2 k^{-10})^2 (1 + 4\alpha^2 k^{-10}). \tag{6.5.8}$$

(v) 当 $n = 5, m = 3$ 时, $F(\mu)$ 的全体根位于单位圆内, 当且仅当: $1 - \alpha^2 k^{-10} > 0$, 且:

如果 $\gamma > 0, \alpha > 0$,

$$\max\left\{ -A_{5,3}^+, \dfrac{\Lambda_3 - \sqrt{\Lambda_4}}{2\gamma^2 k^{-6}} \right\} < c < \min\left\{ A_{5,3}^-, \dfrac{-\Lambda_3 + \sqrt{\Lambda_4}}{2\gamma^2 k^{-6}} \right\};$$

如果 $\gamma > 0, \alpha < 0$,

$$\max\left\{ -A_{5,3}^+, \dfrac{-\Lambda_3 - \sqrt{\Lambda_4}}{2\gamma^2 k^{-6}} \right\} < c < \min\left\{ A_{5,3}^-, \dfrac{\Lambda_3 + \sqrt{\Lambda_4}}{2\gamma^2 k^{-6}} \right\};$$

如果 $\gamma < 0, \alpha > 0$,

$$\max\left\{ A_{5,3}^-, \dfrac{-\Lambda_3 - \sqrt{\Lambda_4}}{2\gamma^2 k^{-6}} \right\} < c < \min\left\{ -A_{5,3}^+, \dfrac{\Lambda_3 + \sqrt{\Lambda_4}}{2\gamma^2 k^{-6}} \right\};$$

如果 $\gamma < 0, \alpha < 0$,

$$\max\left\{A_{5,3}^-, \frac{\Lambda_3 - \sqrt{\Lambda_4}}{2\gamma^2 k^{-6}}\right\} < c < \min\left\{-A_{5,3}^+, \frac{-\Lambda_3 + \sqrt{\Lambda_4}}{2\gamma^2 k^{-6}}\right\}.$$

其中,

$$\Lambda_3 = \gamma\alpha k^{-8}(1 - \alpha^2 k^{-10}),$$

$$\Lambda_4 = \gamma^2 k^{-6}(1 - \alpha^2 k^{-10})^2(\alpha^2 k^{-10} + 4c^2). \tag{6.5.9}$$

证明: (i) 当 $n = 3, m = 2$ 时, $F(\mu) = \mu^3 - c\gamma k^{-2}\mu - \alpha k^{-3}$. 根据定理 6.5.1,

$$\begin{cases} c < \min\left\{\gamma^{-1}k^2(1 - \alpha k^{-3}), \gamma^{-1}k^2(1 + \alpha k^{-3})\right\}, & \text{如果 } \gamma > 0, \\ c > \max\left\{\gamma^{-1}k^2(1 - \alpha k^{-3}), \gamma^{-1}k^2(1 + \alpha k^{-3})\right\}, & \text{如果 } \gamma < 0. \end{cases}$$

注意到

$$\Delta_2^{\pm} = \begin{pmatrix} 1 & 0 \\ 0 & 1 \end{pmatrix} \pm \begin{pmatrix} 0 & -\alpha k^{-3} \\ -\alpha k^{-3} & -c\gamma k^{-2} \end{pmatrix} = \begin{pmatrix} 1 & \mp\alpha k^{-3} \\ \mp\alpha k^{-3} & 1 \mp c\gamma k^{-2} \end{pmatrix},$$

且

$$\det(\Delta_2^{\pm}) = 1 \mp c\gamma k^{-2} - \alpha^2 k^{-6}.$$

于是由 $\det(\Delta_2^{\pm}) > 0$ 可知:

$$1 - c\gamma k^{-2} - \alpha^2 k^{-6} > 0 \quad \text{和} \quad 1 + c\gamma k^{-2} - \alpha^2 k^{-6} > 0,$$

故

$$\begin{cases} \gamma^{-1}k^2(-1 + \alpha^2 k^{-6}) < c < \gamma^{-1}k^2(1 - \alpha^2 k^{-6}), & \text{如果 } \gamma > 0, \\ \gamma^{-1}k^2(1 - \alpha^2 k^{-6}) < c < \gamma^{-1}k^2(-1 + \alpha^2 k^{-6}), & \text{如果 } \gamma < 0. \end{cases}$$

因此, 根据命题 6.5.1, $F(\mu)$ 的全体根位于单位圆内, 当且仅当:

$$
\begin{cases}
\text{如果 } \gamma > 0, \quad \gamma^{-1}k^2(-1+\alpha^2 k^{-6}) < c < \min\Big\{\gamma^{-1}k^2(1-\alpha^2 k^{-6}), \\
\qquad\qquad\qquad\qquad \gamma^{-1}k^2(1-\alpha k^{-3}), \gamma^{-1}k^2(1+\alpha k^{-3})\Big\}; \\
\text{如果 } \gamma < 0, \quad \max\Big\{\gamma^{-1}k^2(1-\alpha k^{-3}), \gamma^{-1}k^2(1+\alpha k^{-3}), \\
\qquad\qquad\qquad \gamma^{-1}k^2(1-\alpha^2 k^{-6})\Big\} < c < \gamma^{-1}k^2(-1+\alpha^2 k^{-6}).
\end{cases}
$$

于是 (i) 得证.

(ii) 当 $n = 4, m = 2$ 时, $F(\mu) = \mu^4 - c\gamma k^{-2}\mu^2 - \alpha k^{-4}$. 根据定理 6.5.1,

$$
\begin{cases}
c < \gamma^{-1}k^2(1-\alpha k^{-4}), & \text{如果 } \gamma > 0, \\
c > \gamma^{-1}k^2(1-\alpha k^{-4}), & \text{如果 } \gamma < 0.
\end{cases}
$$

注意到

$$
\begin{aligned}
\Delta_3^{\pm} &= \begin{pmatrix} 1 & 0 & 0 \\ 0 & 1 & 0 \\ -c\gamma k^{-2} & 0 & 1 \end{pmatrix} \pm \begin{pmatrix} 0 & 0 & -\alpha k^{-4} \\ 0 & -\alpha k^{-4} & 0 \\ -\alpha k^{-4} & 0 & -c\gamma k^{-2} \end{pmatrix} \\
&= \begin{pmatrix} 1 & 0 & \mp\alpha k^{-4} \\ 0 & 1\mp\alpha k^{-4} & 0 \\ -c\gamma k^{-2}\mp\alpha k^{-4} & 0 & 1\mp c\gamma k^{-2} \end{pmatrix},
\end{aligned}
$$

那么,

$$
\det(\Delta_1^{\pm}) = 1\mp\alpha k^{-4},
$$
$$
\det(\Delta_3^{\pm}) = (1\mp\alpha k^{-4})\Big[1\mp c\gamma k^{-2} - (\mp\alpha k^{-4})(-c\gamma k^{-2}\mp\alpha k^{-4})\Big].
$$

于是由 $\det(\Delta_1^{\pm}) > 0$ 和 $\det(\Delta_3^{\pm}) > 0$ 分别可得:

$$1 \mp \alpha k^{-4} > 0,$$

且

$$\begin{cases} 1 - c\gamma k^{-2}(1 + \alpha k^{-4}) - \alpha^2 k^{-8} > 0, \\ 1 + c\gamma k^{-2}(1 + \alpha k^{-4}) - \alpha^2 k^{-8} > 0. \end{cases}$$

因此, 根据命题 6.5.1, $F(\mu)$ 的全体根位于单位圆内, 当且仅当:

$$1 \mp \alpha k^{-4} > 0, \quad |c| < |\gamma|^{-1} k^2(1 - \alpha k^{-4}).$$

于是 (ii) 得证.

(iii) 当 $n = 4, m = 3$ 时, $F(\mu) = \mu^4 - c\gamma k^{-3}\mu - \alpha k^{-4}$. 根据定理 6.5.1,

$$|c| < |\gamma|^{-1} k^3(1 - \alpha k^{-4}).$$

注意到

$$\Delta_3^{\pm} = \begin{pmatrix} 1 & 0 & 0 \\ 0 & 1 & 0 \\ 0 & 0 & 1 \end{pmatrix} \pm \begin{pmatrix} 0 & 0 & -\alpha k^{-4} \\ 0 & -\alpha k^{-4} & -c\gamma k^{-3} \\ -\alpha k^{-4} & -c\gamma k^{-3} & 0 \end{pmatrix}$$

$$= \begin{pmatrix} 1 & 0 & \mp\alpha k^{-4} \\ 0 & 1 \mp \alpha k^{-4} & \mp c\gamma k^{-3} \\ \mp\alpha k^{-4} & \mp c\gamma k^{-3} & 1 \end{pmatrix},$$

于是,

$$\det(\Delta_1^{\pm}) = 1 \mp \alpha k^{-4}, \quad \det(\Delta_3^{\pm}) = 1 \mp \alpha k^{-4} - c^2\gamma^2 k^{-6} - \alpha^2 k^{-8}(1 \mp \alpha k^{-4}).$$

从而由 $\det(\Delta_1^{\pm}) > 0$ 和 $\det(\Delta_3^{\pm}) > 0$ 分别可得:

$$1 \mp \alpha k^{-4} > 0,$$

和

$$\begin{cases} c^2 \gamma^2 k^{-6} < (1 - \alpha k^{-4})(1 - \alpha^2 k^{-8}), \\ c^2 \gamma^2 k^{-6} < (1 + \alpha k^{-4})(1 - \alpha^2 k^{-8}). \end{cases}$$

因此, 根据命题 6.5.1, $F(\mu)$ 的全体根位于单位圆内, 当且仅当:

$$1 \mp \alpha k^{-4} > 0,$$

且

$$|c| < |\gamma|^{-1} k^3 \min \left\{ (1 - \alpha k^{-4})(1 + \alpha k^{-4})^{\frac{1}{2}}, (1 + \alpha k^{-4})(1 - \alpha k^{-4})^{\frac{1}{2}} \right\}.$$

于是 (iii) 得证.

(iv) 当 $n = 5, m = 2$ 时, $F(\mu) = \mu^5 - c\gamma k^{-2}\mu^3 - \alpha k^{-5}$. 根据定理 6.5.1,

$$\begin{cases} c < \min\{\gamma^{-1}k^2(1 - \alpha k^{-5}), \gamma^{-1}k^2(1 + \alpha k^{-5})\}, & \text{如果 } \gamma > 0, \\ c > \max\{\gamma^{-1}k^2(1 - \alpha k^{-5}), \gamma^{-1}k^2(1 + \alpha k^{-5})\}, & \text{如果 } \gamma < 0. \end{cases}$$

注意到

$$\Delta_4^{\pm} = \begin{pmatrix} 1 & 0 & 0 & 0 \\ 0 & 1 & 0 & 0 \\ -c\gamma k^{-2} & 0 & 1 & 0 \\ 0 & -c\gamma k^{-2} & 0 & 1 \end{pmatrix}$$

$$\pm \begin{pmatrix} 0 & 0 & 0 & -\alpha k^{-5} \\ 0 & 0 & -\alpha k^{-5} & 0 \\ 0 & -\alpha k^{-5} & 0 & 0 \\ -\alpha k^{-5} & 0 & 0 & -c\gamma k^{-2} \end{pmatrix}$$

$$= \begin{pmatrix} 1 & 0 & 0 & \mp\alpha k^{-5} \\ 0 & 1 & \mp\alpha k^{-5} & 0 \\ -c\gamma k^{-2} & \mp\alpha k^{-5} & 1 & 0 \\ \mp\alpha k^{-5} & -c\gamma k^{-2} & 0 & 1 \mp c\gamma k^{-2} \end{pmatrix},$$

于是,

$$\det(\Delta_2^{\pm}) = 1 - \alpha^2 k^{-10},$$

$$\det(\Delta_4^{\pm}) = (1 \mp c\gamma k^{-2})(1 - \alpha^2 k^{-10}) - \alpha^2 k^{-10}(1 + c^2\gamma^2 k^{-4} - \alpha^2 k^{-10}).$$

从而由 $\det(\Delta_2^{\pm}) > 0$ 和 $\det(\Delta_4^{\pm}) > 0$ 分别可得:

$$1 - \alpha^2 k^{-10} > 0,$$

和

$$\begin{cases} (1 - \alpha^2 k^{-10})^2 - c\gamma k^{-2}(1 - \alpha^2 k^{-10}) - c^2\gamma^2\alpha^2 k^{-14} > 0, \\ (1 - \alpha^2 k^{-10})^2 + c\gamma k^{-2}(1 - \alpha^2 k^{-10}) - c^2\gamma^2\alpha^2 k^{-14} > 0. \end{cases}$$

因此, 根据命题 6.5.1, $F(\mu)$ 的全体根位于单位圆内, 当且仅当:

$$1 - \alpha^2 k^{-10} > 0,$$

且

$$
\begin{cases}
\dfrac{\Lambda_1 - \sqrt{\Lambda_2}}{2\gamma^2\alpha^2 k^{-14}} < c < \min\left\{A_{5,2}^-, A_{5,2}^+, \dfrac{-\Lambda_1 + \sqrt{\Lambda_2}}{2\gamma^2\alpha^2 k^{-14}}\right\}, & \text{如果 } \gamma > 0, \\[3mm]
\max\left\{A_{5,2}^-, A_{5,2}^+, \dfrac{-\Lambda_1 - \sqrt{\Lambda_2}}{2\gamma^2\alpha^2 k^{-14}}\right\} < c < \dfrac{\Lambda_1 + \sqrt{\Lambda_2}}{2\gamma^2\alpha^2 k^{-14}}, & \text{如果 } \gamma > 0,
\end{cases}
$$

其中, Λ_1 和 Λ_2 由 (6.5.8) 给出. 于是 (iv) 得证.

(v) 当 $n = 5, m = 3$ 时, $F(\mu) = \mu^5 - c\gamma k^{-3}\mu^2 - \alpha k^{-5}$. 根据定理 6.5.1,

$$
\begin{cases}
-\gamma^{-1}k^3(1 + \alpha k^{-5}) < c < \gamma^{-1}k^3(1 - \alpha k^{-5}), & \text{如果 } \gamma > 0, \\[2mm]
\gamma^{-1}k^3(1 - \alpha k^{-5}) < c < -\gamma^{-1}k^3(1 + \alpha k^{-5}), & \text{如果 } \gamma < 0.
\end{cases}
$$

注意到

$$
\Delta_4^\pm = \begin{pmatrix} 1 & 0 & 0 & 0 \\ 0 & 1 & 0 & 0 \\ 0 & 0 & 1 & 0 \\ -c\gamma k^{-3} & 0 & 0 & 1 \end{pmatrix} \pm \begin{pmatrix} 0 & 0 & 0 & -\alpha k^{-5} \\ 0 & 0 & -\alpha k^{-5} & 0 \\ 0 & -\alpha k^{-5} & 0 & -c\gamma k^{-3} \\ -\alpha k^{-5} & 0 & -c\gamma k^{-3} & 0 \end{pmatrix}
$$

$$
= \begin{pmatrix} 1 & 0 & 0 & \mp\alpha k^{-5} \\ 0 & 1 & \mp\alpha k^{-5} & 0 \\ 0 & \mp\alpha k^{-5} & 1 & \mp c\gamma k^{-3} \\ -c\gamma k^{-3}\mp\alpha k^{-5} & 0 & \mp c\gamma k^{-3} & 1 \end{pmatrix},
$$

于是,

$$\det(\Delta_2^\pm) = 1 - \alpha^2 k^{-10},$$

$$\det(\Delta_4^\pm) = (1 - \alpha^2 k^{-10})^2 - c^2\gamma^2 k^{-6} + c\gamma k^{-3}(\mp\alpha k^{-5})(1 - \alpha^2 k^{-10}).$$

从而由 $\det(\Delta_2^{\pm}) > 0$ 和 $\det(\Delta_4^{\pm}) > 0$ 分别可得

$$1 - \alpha^2 k^{-10} > 0,$$

和

$$\begin{cases} c^2\gamma^2 k^{-6} + c\gamma\alpha k^{-8}(1 - \alpha^2 k^{-10}) - (1 - \alpha^2 k^{-10})^2 < 0, \\ c^2\gamma^2 k^{-6} - c\gamma\alpha k^{-8}(1 - \alpha^2 k^{-10}) - (1 - \alpha^2 k^{-10})^2 < 0. \end{cases} \quad (6.5.10)$$

经过一系列复杂的计算, 由 (6.5.10) 可知: 如果 $\gamma > 0, \alpha > 0$ 或者 $\gamma < 0, \alpha < 0$, 那么

$$\frac{\Lambda_3 - \sqrt{\Lambda_4}}{2\gamma^2 k^{-6}} < c < \frac{-\Lambda_3 + \sqrt{\Lambda_4}}{2\gamma^2 k^{-6}};$$

并且, 如果 $\gamma < 0, \alpha > 0$ 或者 $\gamma > 0, \alpha < 0$, 那么

$$\frac{-\Lambda_3 - \sqrt{\Lambda_4}}{2\gamma^2 k^{-6}} < c < \frac{\Lambda_3 + \sqrt{\Lambda_4}}{2\gamma^2 k^{-6}},$$

其中, Λ_3 和 Λ_4 由 (6.5.9) 给出. 因此, 根据命题 6.5.1, (v) 得证. ∎

6.6 数值例子

本节将针对时滞环形神经网络系统的两个实例进行数值仿真, 并表明小世界联接权值 c 对系统稳定性的影响就像一个 "开关".

例 6.6.1 考虑带有四个神经元的时滞环形神经网络:

$$\begin{cases} \dot{x}_1(t) = -5x_1(t) + 3.5f(x_2(t - \tau)), \\ \dot{x}_2(t) = -5x_2(t) + 4f(x_3(t - \tau)) + cf(x_1(t - \tau)), \\ \dot{x}_3(t) = -5x_3(t) + 3f(x_4(t - \tau)), \\ \dot{x}_4(t) = -5x_4(t) + 0.5f(x_1(t - \tau)), \end{cases} \quad (6.6.1)$$

其中,

$$
\begin{cases}
m = 2,\ n = 4,\ k = 5, \\
\tau \geq 0,\ f(u) = \tanh(u), \\
\gamma = b_{12} = 3.5 > 0, \\
\alpha = b_{12}b_{23}b_{34}b_{41} = 21,
\end{cases}
\qquad
B = \begin{pmatrix}
0 & 3.5 & 0 & 0 \\
c & 0 & 4 & 0 \\
0 & 0 & 0 & 3 \\
0.5 & 0 & 0 & 0
\end{pmatrix}.
\qquad (6.6.2)
$$

那么

$$
F(\mu) = \mu^4 - \frac{3.5}{25}c\mu^2 - \frac{21}{625}.
$$

根据定理 6.5.2 (ii), $F(\mu) = 0$ 的根位于单位圆内, 当且仅当:

$$
1 \mp \alpha k^{-4} > 0,\ |c| < |\gamma|^{-1}k^2(1 - \alpha k^{-4}).
$$

注意到

$$
1 \mp \alpha k^{-4} = 1 \mp \frac{21}{625} > 0 \quad \text{且} \quad |\gamma|^{-1}k^2(1 - \alpha k^{-4}) = 6.9,
$$

那么系统 (6.6.1) 对任意时滞 $\tau > 0$ 是稳定的, 当且仅当 $|c| < 6.9$. 因此, 在系统 (6.6.1) 中, 小世界联接权值 c 的与时滞无关的稳定性区间为 $|c| < 6.9$.

设 $c = 1$, 矩阵 B 由 (6.6.3) 给出, 其四个特征值分别为:

$$
d_1 \approx 2.6,\ d_2 \approx -2.6,\ d_3 \approx 1.8i,\ d_4 \approx -1.8i.
$$

图 6.3, 图 6.4 和图 6.5 分别表明当 $\tau = 1$, $\tau = 3$ 和 $\tau = 10$ 时, 系统 (6.6.1) 的状态的收敛性.

例 6.6.2 在例 6.6.1 中, 如果我们在第一个神经元和第三个神经元之间引入一个小世界联接, 即 $b_{31} = c$, 且其他的参数不变, 那

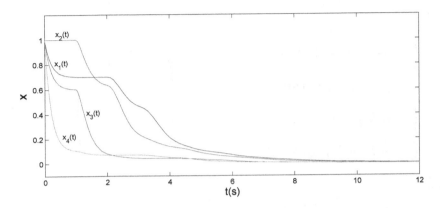

图 6.3 当 $c = 1$, $\tau = 1$ 时, 系统 (6.6.1) 的状态 $x(t)$ 的收敛性

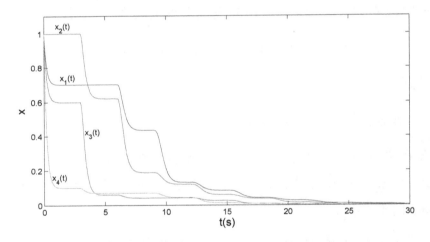

图 6.4 当 $c = 1$, $\tau = 3$ 时, 系统 (6.6.1) 的状态 $x(t)$ 的收敛性

么系统 (6.6.1) 变为:

$$
\begin{cases}
\dot{x}_1(t) = -5x_1(t) + 3.5f(x_2(t - \tau)), \\
\dot{x}_2(t) = -5x_2(t) + 4f(x_3(t - \tau)), \\
\dot{x}_3(t) = -5x_3(t) + 3f(x_4(t - \tau)) + cf(x_1(t - \tau)), \\
\dot{x}_4(t) = -5x_4(t) + 0.5f(x_1(t - \tau)).
\end{cases}
\tag{6.6.3}
$$

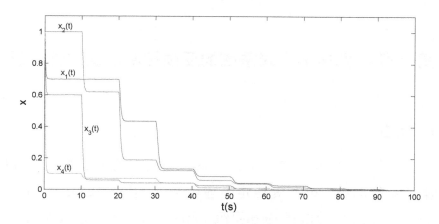

图 6.5 当 $c = 1$, $\tau = 10$ 时, 系统 (6.6.1) 的状态 $x(t)$ 的收敛性

根据定理 6.5.2 (iii) 可知, 系统 (6.6.3) 对任意时滞 $\tau > 0$ 稳定, 当且仅当 $|c| < 8.63$.

注 6.6.1 从上述两个例子可以看出, 小世界联接在很大程度上影响系统的稳定性. 无论时滞 τ 取多少, 总可以选取合适的小世界联接权值 c 使得系统稳定. 另外, c 的与时滞无关的稳定性区间连续依赖于小世界联接的位置以及参数 k 和 $b_{i,i+1}$ 的取值.

6.7 本章小结

本章采用算子半群理论和谱分析方法研究具有小世界联接的时滞环形神经网络系统 (6.1.1) 的指数镇定问题. 当神经元的个数和小世界联接的位置已知的情况下, 我们给出了小世界联接权值 c 的与时滞无关的稳定性区间 (不妨记作 I_0), 并结合数值仿真例子阐明小世界联接对时滞环形神经网络系统稳定性的影响.

第七章　两渠道串级系统的反馈控制及稳定性分析

7.1　引言

1871 年, 法国科学家 Saint Venant 建立了 Saint-Venant 方程, 为渠道系统的稳定性研究奠定了理论基础. 由于 Saint-Venant 方程是一组非线性的偏微分方程组, 无法得出解析解, 故而对其进行求解和控制是很困难的. 为此, 人们提出将其线性化之后进行研究, 从而取得了稳定性分析方面的一系列研究成果, 参见文献 [3–5, 33, 53, 60].

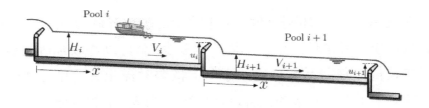

图 7.1　渠道系统横截面图

文献 [3] 研究如图 7.1 所示的航运系统, 水流在重力的作用下沿着航道流动, 航道被自动闸门(见图 7.2) 隔开以调节水流. 如果把两个自动闸门之间看成一个蓄水池, 那么 n 个池子的航道水流的动力学可由如下的 Saint-Venant 方程来描述:

$$\partial_t \begin{pmatrix} H_i \\ V_i \end{pmatrix} + \partial_x \begin{pmatrix} H_i V_i \\ \frac{1}{2} V_i^2 + g H_i \end{pmatrix} + \begin{pmatrix} 0 \\ g \left(C_i V_i^2 H_i^{-1} \right) - S_i \end{pmatrix} = 0, \quad (7.1.1)$$

其中, $i = 1, \cdots, n.$ 在这一模型中, 为了简便, 假设每一渠道均为长方形, 且具有相同的长度. 通过设计该模型的边界反馈控制条件, 文献 [3] 利用严格 Lyapunov 函数方法证明了该系统的指数稳定性.

图 7.2 自动闸门图

本章将在此基础上, 主要研究两段渠道串级 (或者说两个池子) 的情形, 利用 Riesz 基性质和谱分析的方法证明系统的指数稳定性. 7.2 节首先将问题转化为抽象发展方程的形式, 再利用 C_0 半群的方法来研究系统的适定性. 7.3 节研究系统算子的谱的性质以及系统算子的特征值和特征函数的渐近表达式. 7.4 节建立系统的谱确定增长条件和指数稳定性.

7.2 模型分析

7.2.1 模型的建立

在系统 (7.1.1) 中, 取 $n = 2$, 那么, 其线性化 Saint-Venant 方程的特征形式可写为:

$$\begin{bmatrix} \dfrac{\partial T_1}{\partial t}(x,t) + \lambda_1 \dfrac{\partial T_1}{\partial x}(x,t) \\ \dfrac{\partial T_3}{\partial t}(x,t) - \lambda_3 \dfrac{\partial T_3}{\partial x}(x,t) \end{bmatrix} + \begin{bmatrix} \alpha_1 & \beta_1 \\ \alpha_1 & \beta_1 \end{bmatrix} \begin{bmatrix} T_1(x,t) \\ T_3(x,t) \end{bmatrix} = \begin{bmatrix} 0 \\ 0 \end{bmatrix} \quad (7.2.1)$$

且

$$\begin{bmatrix} \dfrac{\partial T_2}{\partial t}(x,t) + \lambda_2 \dfrac{\partial T_2}{\partial x}(x,t) \\ \dfrac{\partial T_4}{\partial t}(x,t) - \lambda_4 \dfrac{\partial T_4}{\partial x}(x,t) \end{bmatrix} + \begin{bmatrix} \alpha_2 & \beta_2 \\ \alpha_2 & \beta_2 \end{bmatrix} \begin{bmatrix} T_2(x,t) \\ T_4(x,t) \end{bmatrix} = \begin{bmatrix} 0 \\ 0 \end{bmatrix} \quad (7.2.2)$$

其边界控制律为:

$$\begin{bmatrix} T_1(0,t) \\ T_2(0,t) \\ T_3(\ell,t) \\ T_4(\ell,t) \end{bmatrix} = \begin{bmatrix} 0 & 0 & -\dfrac{\lambda_3}{\lambda_1} & 0 \\ \dfrac{\lambda_1 - \gamma_1 \lambda_3}{\lambda_2}\sqrt{\dfrac{Z_1^*}{Z_2^*}} & 0 & 0 & -\dfrac{\lambda_4}{\lambda_2} \\ -\gamma_1 & 0 & 0 & 0 \\ 0 & -\gamma_2 & 0 & 0 \end{bmatrix} \begin{bmatrix} T_1(\ell,t) \\ T_2(\ell,t) \\ T_3(0,t) \\ T_4(0,t) \end{bmatrix} \quad (7.2.3)$$

其中, ℓ 表示每个池子的长度, $(x,t) \in (0,\ell) \times (0,+\infty)$, 参数 $\gamma_i, i = 1, 2$ 表示控制反馈增益, 参数 $\lambda_i, \lambda_{2+i}, \alpha_i, \beta_i$ $(i = 1, 2)$ 满足

$$\lambda_i = V_i^* + \sqrt{gH_i^*}, \quad -\lambda_{2+i} = V_i^* - \sqrt{gH_i^*},$$

和

$$\alpha_i = gS_i \left(\frac{1}{V_i^*} - \frac{1}{2\sqrt{gH_i^*}} \right), \quad \beta_i = gS_i \left(\frac{1}{V_i^*} + \frac{1}{2\sqrt{gH_i^*}} \right).$$

另外, 假定每一段渠道中水流满足亚临界条件, 即

$$gH_i^* - (V_i^*)^2 > 0, \quad i = 1, 2, \tag{7.2.4}$$

那么

$$0 < \lambda_{2+i} < \lambda_i, \ 0 < \alpha_i < \beta_i, \ i = 1, 2, \tag{7.2.5}$$

其中, g, S_i, Z_i^* 和 Q_i^* 是物理参数, 其物理意义参见 [3, 5].

本章采用 Riesz 基方法研究系统 (7.2.1)–(7.2.3) (其框架图见图 7.3) 的反馈控制与指数镇定问题. 首先采用谱分析方法给出系统算子的特征值和特征函数的渐近表达式, 然后证明存在一列广义特征函数构成 Hilbert 状态空间的一组 Riesz 基, 因此谱确定增长条件成立, 进一步证明系统的指数稳定性.

7.2.2 系统的适定性

为了简单, 假设 $\ell = 1$. 在 Hilbert 空间

$$\mathcal{H} = (H^1(0,1) \times H^1(0,1))_E \times L^2(0,1) \times L^2(0,1)$$

中考虑系统 (7.2.1)–(7.2.3), 其中,

$$(H^1(0,1) \times H^1(0,1))_E$$

$$= \left\{ (f,g) \in H^1(0,1) \times H^1(0,1) \ \middle| \ \begin{matrix} f(0) = -\dfrac{\lambda_3}{\lambda_1} g(0), \\[2mm] g(1) = -\gamma_1 f(1) \end{matrix} \right\},$$

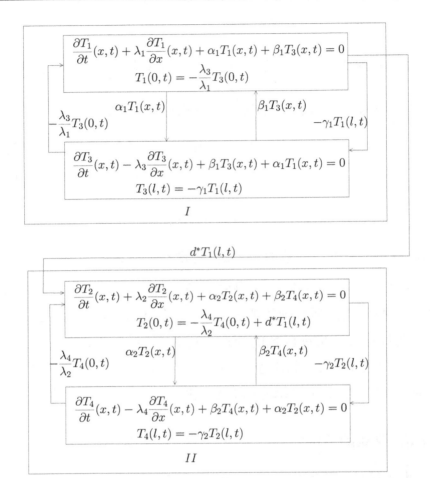

图 7.3 两段渠道串联的框架图

且内积的定义为: 任给 $X_i = (f_i, g_i, \phi_i, \psi_i) \in \mathcal{H}$, $i = 1, 2$,

$$\langle X_1, X_2 \rangle = \int_0^1 \left[f_1'(x,t)\overline{f_2'(x,t)} + g_1'(x,t)\overline{g_2'(x,t)} \right.$$

$$\left. + \phi_1(x,t)\overline{\phi_2(x,t)} + \psi_1(x,t)\overline{\psi_2(x,t)} \right] dx.$$

定义算子 $\mathcal{A}$ 为:

$$
\begin{cases}
\mathcal{A}X \\
= \begin{pmatrix} -\lambda_1\frac{\partial}{\partial x}-\alpha_1 & -\beta_1 & 0 & 0 \\ -\alpha_1 & \lambda_3\frac{\partial}{\partial x}-\beta_1 & 0 & 0 \\ 0 & 0 & -\lambda_2\frac{\partial}{\partial x}-\alpha_2 & -\beta_2 \\ 0 & 0 & -\alpha_2 & \lambda_4\frac{\partial}{\partial x}-\beta_2 \end{pmatrix}\begin{pmatrix} f \\ g \\ \phi \\ \psi \end{pmatrix}, \\[4mm]
D(\mathcal{A}) = \left\{ \begin{pmatrix} f \\ g \\ \phi \\ \psi \end{pmatrix} \in (H^1(0,1))^4 \ \middle| \ \begin{aligned} &f(0)=-\frac{\lambda_3}{\lambda_1}g(0), \\ &g(1)=-\gamma_1 f(1), \\ &\phi(0)=\frac{\lambda_1-\gamma_1\lambda_3}{\lambda_2} \\ &\cdot\sqrt{\frac{Z_1^*}{Z_2^*}}f(1)-\frac{\lambda_4}{\lambda_2}\psi(0), \\ &\psi(1)=-\gamma_2\phi(1) \end{aligned} \right\}.
\end{cases}
\tag{7.2.6}
$$

那么, 系统 (7.2.1)–(7.2.3) 可写成 $\mathcal{H}$ 上的抽象发展方程的形式:

$$
\begin{cases}
\dfrac{dX(t)}{dt} = \mathcal{A}X(t),\ t>0, \\[3mm]
X(0)=X_0,
\end{cases}
\tag{7.2.7}
$$

其中, $X(t)=(T_1(\cdot,t),T_3(\cdot,t),T_2(\cdot,t),T_4(\cdot,t))$.

定理 7.2.1 设 $\mathcal{A}$ 由 (7.2.6) 给出, 那么 $\mathcal{A}^{-1}$ 存在并且是紧的. 从而, $\mathcal{A}$ 的谱集 $\sigma(\mathcal{A})$ 仅由有穷代数重数的孤立特征值构成.

证明: 任给 $X_1=(f_1,g_1,\phi_1,\psi_1)\in\mathcal{H}$, 求解

$$\mathcal{A}X=X_1,\ \text{其中},\ X=(f,g,h,q)\in D(\mathcal{A}),$$

147

即

$$
\mathcal{A} \begin{pmatrix} f \\ g \\ \phi \\ \psi \end{pmatrix} = \begin{pmatrix} -\lambda_1 f' - \alpha_1 f - \beta_1 g \\ \lambda_3 g' - \beta_1 g - \alpha_1 f \\ -\lambda_2 \phi' - \alpha_2 \phi - \beta_2 \psi \\ \lambda_4 \psi' - \beta_2 \psi - \alpha_2 \phi \end{pmatrix} = \begin{pmatrix} f_1 \\ g_1 \\ \phi_1 \\ \psi_1 \end{pmatrix},
$$

从而得

$$
\begin{cases}
\lambda_1 f' + \alpha_1 f + \beta_1 g + f_1 = 0, \\[2mm]
\lambda_3 g' - \beta_1 g - \alpha_1 f - g_1 = 0, \\[2mm]
\lambda_2 \phi' + \alpha_2 \phi + \beta_2 \psi + \phi_1 = 0, \\[2mm]
\lambda_4 \psi' - \beta_2 \psi - \alpha_2 \phi - \psi_1 = 0, \\[2mm]
f(0) = -\dfrac{\lambda_3}{\lambda_1} g(0), \ g(1) = -\gamma_1 f(1), \\[2mm]
\phi(0) = \dfrac{\lambda_1 - \gamma_1 \lambda_3}{\lambda_2} \sqrt{\dfrac{Z_1^*}{Z_2^*}} f(1) - \dfrac{\lambda_4}{\lambda_2} \psi(0), \\[2mm]
\psi(1) = -\gamma_2 \phi(1).
\end{cases} \tag{7.2.8}
$$

从 (7.2.8) 的前两个等式和边界条件 $\lambda_1 f(0) + \lambda_3 g(0) = 0$ 可得

$$
\lambda_1 f + \lambda_3 g = \int_0^x [g_1(\xi) - f_1(\xi)]\, d\xi, \tag{7.2.9}
$$

所以

$$
g = -\frac{\lambda_1}{\lambda_3} f + \frac{1}{\lambda_3} \int_0^x [g_1(\xi) - f_1(\xi)]\, d\xi. \tag{7.2.10}
$$

将其代入 (7.2.7) 的第一个方程, 可得

$$
f' = \left[\frac{\beta_1}{\lambda_3} - \frac{\alpha_1}{\lambda_1} \right] f - \frac{1}{\lambda_1 \lambda_3} \int_0^x [g_1(\xi) - f_1(\xi)]\, d\xi - \frac{1}{\lambda_1} f_1. \tag{7.2.11}
$$

因此,

$$f = e^{c_1 x} f(0) - \int_0^x e^{c_1(x-\tau)}$$

$$\left[\frac{1}{\lambda_1 \lambda_3} \int_0^\tau [g_1(\xi) - f_1(\xi)]\, d\xi + \frac{1}{\lambda_1} f_1(\tau) \right] d\tau, \quad (7.2.12)$$

其中,

$$c_1 = \frac{\beta_1}{\lambda_3} - \frac{\alpha_1}{\lambda_1}.$$

根据边界条件 $g(1) = -\gamma_1 f(1)$ 和 (7.2.10), 得

$$\gamma_1 f(1) - \frac{\lambda_1}{\lambda_3} f(1) + \frac{1}{\lambda_3} \int_0^x [g_1(\xi) - f_1(\xi)]\, d\xi = 0,$$

故

$$f(1) = \frac{1}{\lambda_1 - \gamma_1 \lambda_3} \int_0^x [g_1(\xi) - f_1(\xi)]\, d\xi. \qquad (7.2.13)$$

根据 (7.2.12),

$$f(0) = e^{-c_1} \Big[\int_0^1 e^{c_1(1-\tau)} \left(\frac{1}{\lambda_1 \lambda_3} \int_0^\tau (g_1(\xi) - f_1(\xi))\, d\xi + \frac{1}{\lambda_1} f_1(\tau) \right) d\tau$$

$$+ f(1) \Big],$$

其中, $f(1)$ 由 (7.2.13) 给出. 将其代入 (7.2.12) , 我们最终可得 $f(x)$ 和 $g(x)$. 类似地, 根据 (7.2.8) 的第三个等式和第四个等式, 以及边界条件 $\lambda_2 \phi(0) + \lambda_4 \psi(0) = d_1 f(1)$, 其中,

$$d_1 = (\lambda_1 - \gamma_1 \lambda_3) \sqrt{\frac{Z_1^*}{Z_2^*}}, \qquad (7.2.14)$$

我们可得

$$\lambda_2 \phi + \lambda_4 \psi = d_1 f(1) + \int_0^x [\psi_1(\xi) - \phi_1(\xi)]\, d\xi, \qquad (7.2.15)$$

149

从而

$$\psi = -\frac{\lambda_2}{\lambda_4}\phi + \frac{d_1}{\lambda_4}f(1) + \frac{1}{\lambda_4}\int_0^x [\psi_1(\xi) - \phi_1(\xi)]\,d\xi. \quad (7.2.16)$$

根据边界条件 $\psi(1) = -\gamma_2\phi(1)$ 得

$$\gamma_2\phi(1) - \frac{\lambda_2}{\lambda_4}\phi(1) + \frac{d_1}{\lambda_4}f(1) + \frac{1}{\lambda_4}\int_0^1 [\psi_1(\xi) - \phi_1(\xi)]\,d\xi = 0,$$

从而,

$$\phi(1) = \frac{1}{\lambda_2 - \gamma_2\lambda_4}\left[\frac{d_1}{\lambda_4}f(1) + \frac{1}{\lambda_4}\int_0^1 [\psi_1(\xi) - \phi_1(\xi)]\,d\xi\right] \quad (7.2.17)$$

进而, 将其代入 (7.2.8) 的第三个等式可得

$$\phi' = \left(\frac{\beta_2}{\lambda_4} - \frac{\alpha_2}{\lambda_2}\right)\phi - \frac{1}{\lambda_2}\phi_1 - \frac{d_1}{\lambda_2\lambda_4}f(1)$$
$$-\frac{1}{\lambda_2\lambda_4}\int_0^x [\psi_1(\xi) - \phi_1(\xi)]\,d\xi. \quad (7.2.18)$$

因此,

$$\phi = e^{c_2(x-1)}\phi(1) - \int_1^x e^{c_2(x-\tau)}\left[\frac{1}{\lambda_2}\phi_1(\tau) + \frac{d_1}{\lambda_2\lambda_4}f(1)\right.$$
$$\left. -\frac{1}{\lambda_2\lambda_4}\int_0^\tau [\psi_1(\xi) - \phi_1(\xi)]\,d\xi\right]d\tau, \quad (7.2.19)$$

其中,

$$c_2 = \frac{\beta_2}{\lambda_4} - \frac{\alpha_2}{\lambda_2}.$$

根据 (7.2.19), 我们可得 ψ. 因此, 我们可得唯一解 $(f, g, \phi, \psi)^T \in D(\mathcal{A})$. 所以说, 根据 Sobolev 嵌入定理, $\mathcal{A}^{-1}$ 存在并且是紧的, 从而 $\sigma(\mathcal{A})$ 仅由有穷代数重数的孤立特征值构成. ∎

150

7.2.3 $(L^2)^4$ 空间上的 Lyapunov 稳定性

这一部分, 我们在能量空间 $H = (L^2)^4$ 中考虑系统 (7.2.1)–(7.2.4), 并证明系统算子的谱的实部均小于 0.

定理 7.2.2 设 $\mathcal{A}$ 由 (7.2.6) 给出, 定义 $H = (L^2)^4$ 中的内积如下:

$$
\langle X_1, X_2 \rangle_1
$$
$$
= \int_0^1 \Big[\Big(p_1 f_1(x,t)\overline{f_2(x,t)} + p_2 \phi_1(x,t)\overline{\phi_2(x,t)} \Big) e^{-\tau x}
$$
$$
+ \Big(p_3 g_1(x,t)\overline{g_2(x,t)} + p_4 \psi_1(x,t)\overline{\psi_2(x,t)} \Big) e^{\tau x} \Big] dx, \quad (7.2.20)
$$

其中, $X_i = (f_i, g_i, \phi_i, \psi_i) \in H$, $i = 1, 2$, $p_j(j = 1, 2, 3, 4)$ 和 τ 是正数. 如果 $\tau > 0$ 取得足够小, 且耗散性条件

$$
\gamma_i^2 < \frac{\alpha_i \lambda_i}{\beta_i \lambda_{2+i}}, \ \ i = 1, 2 \quad (7.2.21)
$$

成立, 那么 $\mathcal{A}$ 在 H 上是耗散的, 即系统算子 $\mathcal{A}$ 的谱实部均小于 0.

证明: 设 $X = (f, g, \phi, \psi)^T \in D(\mathcal{A})$, 那么

$$
2\mathrm{Re}\langle \mathcal{A}X, X \rangle_1 = \langle \mathcal{A}X, X \rangle_1 + \langle X, \mathcal{A}X \rangle_1
$$

$$
= \left\langle \begin{pmatrix} -\lambda_1 f' - \alpha_1 f - \beta_1 g \\ \lambda_3 g' - \beta_1 g - \alpha_1 f \\ -\lambda_2 \phi' - \alpha_2 \phi - \beta_2 \psi \\ \lambda_4 \psi' - \beta_2 \psi - \alpha_2 \phi \end{pmatrix}, \begin{pmatrix} f \\ g \\ \phi \\ \psi \end{pmatrix} \right\rangle
$$

$$+\left\langle \begin{pmatrix} f \\ g \\ \phi \\ \psi \end{pmatrix}, \begin{pmatrix} -\lambda_1 f' - \alpha_1 f - \beta_1 g \\ \lambda_3 g' - \beta_1 g - \alpha_1 f \\ -\lambda_2 \phi' - \alpha_2 \phi - \beta_2 \psi \\ \lambda_4 \psi' - \beta_2 \psi - \alpha_2 \phi \end{pmatrix} \right\rangle$$

$$= \int_0^1 \left[\left(p_1(-\lambda_1 f' - \alpha_1 f - \beta_1 g)\overline{f} \right. \right.$$

$$+ p_2(-\lambda_2 \phi' - \alpha_2 \phi - \beta_2 \psi)\overline{\phi} \Big) e^{-\tau x}$$

$$+ \left(p_3(\lambda_3 g' - \beta_1 g - \alpha_1 f)\overline{g} + p_4(\lambda_4 \psi' - \beta_2 \psi - \alpha_2 \phi)\overline{\psi} \right) e^{\tau x} \Big] dx$$

$$+ \int_0^1 \left[\left(p_1 f(-\lambda_1 \overline{f}' - \alpha_1 \overline{f} - \beta_1 \overline{g}) \right. \right.$$

$$+ p_2 \phi(-\lambda_2 \overline{\phi}' - \alpha_2 \overline{\phi} - \beta_2 \overline{\psi}) \Big) e^{-\tau x}$$

$$+ \left(p_3 g(\lambda_3 \overline{g}' - \beta_1 \overline{g} - \alpha_1 \overline{f}) + p_4 \psi(\lambda_4 \overline{\psi}' - \beta_2 \overline{\psi} - \alpha_2 \overline{\phi}) \right) e^{\tau x} \Big] dx$$

$$= \int_0^1 \left[\left(-p_1 \lambda_1(f\overline{f}' + f'\overline{f}) - p_2 \lambda_2(\phi\overline{\phi}' + \phi'\overline{\phi}) \right) e^{-\tau x} \right.$$

$$+ \left(p_3 \lambda_3(g\overline{g}' + g'\overline{g}) + p_4 \lambda_4(\psi\overline{\psi}' + \psi'\overline{\psi}) \right) e^{\tau x} \Big] dx$$

$$- 2\int_0^1 \left[(p_1\alpha_1 f\overline{f} + p_2\alpha_2 \phi\overline{\phi})e^{-\tau x} + (p_3\beta_1 g\overline{g} + p_4\beta_2 \psi\overline{\psi})e^{\tau x} \right] dx$$

$$- \int_0^1 \left[p_1\beta_1(f\overline{g} + g\overline{f})e^{-\tau x} + p_2\beta_2(\phi\overline{\psi} + \psi\overline{\phi})e^{-\tau x} \right.$$

$$+ p_3\alpha_1(f\overline{g} + g\overline{f})e^{\tau x} + p_4\alpha_2(\phi\overline{\psi} + \psi\overline{\phi})e^{\tau x} \Big] dx$$

$$= \left[(-p_1\lambda_1 f\overline{f} - p_2\lambda_2\phi\overline{\phi})e^{-\tau x} + (p_3\lambda_3 g\overline{g} + p_4\lambda_4\psi\overline{\psi})e^{\tau x}\right]\Big|_0^1$$

$$-\tau\int_0^1 \left[(p_1\lambda_1 f\overline{f} + p_2\lambda_2\phi\overline{\phi})e^{-\tau x} + (p_3\lambda_3 g\overline{g} + p_4\lambda_4\psi\overline{\psi})e^{\tau x}\right]dx$$

$$-2\int_0^1 \left[(p_1\alpha_1 f\overline{f} + p_2\alpha_2\phi\overline{\phi})e^{-\tau x} + (p_3\beta_1 g\overline{g} + p_4\beta_2\psi\overline{\psi})e^{\tau x}\right]dx$$

$$-\int_0^1 \Big[p_1\beta_1(f\overline{g} + g\overline{f})e^{-\tau x} + p_2\beta_2(\phi\overline{\psi} + \psi\overline{\phi})e^{-\tau x}$$

$$+p_3\alpha_1(f\overline{g} + g\overline{f})e^{\tau x} + p_4\alpha_2(\phi\overline{\psi} + \psi\overline{\phi})e^{\tau x}\Big]dx$$

$$= \left[(-p_1\lambda_1 f\overline{f} - p_2\lambda_2\phi\overline{\phi})e^{-\tau x} + (p_3\lambda_3 g\overline{g} + p_4\lambda_4\psi\overline{\psi})e^{\tau x}\right]\Big|_0^1$$

$$-\int_0^1 (f\ g)\begin{pmatrix} (\lambda_1\tau + 2\alpha_1)p_1 e^{-\tau x} & \beta_1 p_1 e^{-\tau x} + \alpha_1 p_3 e^{\tau x} \\ \beta_1 p_1 e^{-\tau x} + \alpha_1 p_3 e^{\tau x} & (\lambda_3\tau + 2\beta_1)p_3 e^{\tau x} \end{pmatrix}\begin{pmatrix} \overline{f} \\ \overline{g} \end{pmatrix}dx$$

$$-\int_0^1 (\phi\ \psi)\begin{pmatrix} (\lambda_2\tau + 2\alpha_2)p_2 e^{-\tau x} & \beta_2 p_2 e^{-\tau x} + \alpha_2 p_4 e^{\tau x} \\ \beta_2 p_2 e^{-\tau x} + \alpha_2 p_4 e^{\tau x} & (\lambda_4\tau + 2\beta_2)p_4 e^{\tau x} \end{pmatrix}\begin{pmatrix} \overline{\phi} \\ \overline{\psi} \end{pmatrix}dx$$

$$= W + V.$$

一方面, 定义

$$M_1 = \begin{pmatrix} (\lambda_1\tau + 2\alpha_1)p_1 e^{-\tau x} & \beta_1 p_1 e^{-\tau x} + \alpha_1 p_3 e^{\tau x} \\ \beta_1 p_1 e^{-\tau x} + \alpha_1 p_3 e^{\tau x} & (\lambda_3\tau + 2\beta_1)p_3 e^{\tau x} \end{pmatrix},$$

$$M_2 = \begin{pmatrix} (\lambda_2\tau + 2\alpha_2)p_2 e^{-\tau x} & \beta_2 p_2 e^{-\tau x} + \alpha_2 p_4 e^{\tau x} \\ \beta_2 p_2 e^{-\tau x} + \alpha_2 p_4 e^{\tau x} & (\lambda_4\tau + 2\beta_2)p_4 e^{\tau x} \end{pmatrix}. \qquad (7.2.22)$$

如果 τ 充分小, 且

$$\beta_1 p_1 = \alpha_1 p_3, \beta_2 p_2 = \alpha_2 p_4, \tag{7.2.23}$$

那么,

$$\begin{aligned}
\det M_1 &= p_1 p_3 (\lambda_1 \tau + 2\alpha_1)(\lambda_3 \tau + 2\beta_1) - (\beta_1 p_1 e^{-\tau x} + \alpha_1 p_3 e^{\tau x})^2 \\
&= p_1 p_3 \left[\tau^2 \lambda_1 \lambda_3 + 2\tau(\lambda_1 \beta_1 + \lambda_3 \alpha_1) \right] - (\beta_1 p_1 e^{-\tau x} - \alpha_1 p_3 e^{\tau x})^2 \\
&> 0,
\end{aligned}$$

$$\begin{aligned}
\det M_2 &= p_2 p_4 (\lambda_2 \tau + 2\alpha_2)(\lambda_4 \tau + 2\beta_2) - (\beta_2 p_2 e^{-\tau x} + \alpha_2 p_4 e^{\tau x})^2 \\
&= p_2 p_4 \left[\tau^2 \lambda_2 \lambda_4 + 2\tau(\lambda_2 \beta_2 + \lambda_4 \alpha_2) \right] - (\beta_2 p_2 e^{-\tau x} - \alpha_2 p_4 e^{\tau x})^2 \\
&> 0.
\end{aligned}$$

(由于函数 $F(\tau) = (e^{-\tau x} - e^{\tau x})^2$ 是关于 τ 的二次函数, 因此 M_1 和 M_2 是正定矩阵). 于是, V 是一个负定二次型.

另一方面, 根据边界条件可得:

$$\begin{aligned}
W &\doteq \left[(-p_1 \lambda_1 f\overline{f} - p_2 \lambda_2 \phi\overline{\phi}) e^{-\tau x} + (p_3 \lambda_3 g\overline{g} + p_4 \lambda_4 \psi\overline{\psi}) e^{\tau x} \right] \Big|_0^1 \\
&= - \left(p_1 \lambda_1 |f(1,t)|^2 + p_2 \lambda_2 |\phi(1,t)|^2 \right) e^{-\tau} + p_1 \lambda_1 |f(0,t)|^2 \\
&\quad + p_2 \lambda_2 |\phi(0,t)|^2 + \left(p_3 \lambda_3 |g(1,t)|^2 + p_4 \lambda_4 |\psi(1,t)|^2 \right) e^{\tau} \\
&\quad - \left(p_3 \lambda_3 |g(0,t)|^2 + p_4 \lambda_4 |\psi(0,t)|^2 \right) \\
&= - \left(p_1 \lambda_1 |f(1,t)|^2 + p_2 \lambda_2 |\phi(1,t)|^2 \right) e^{-\tau} \\
&\quad - \left(p_3 \lambda_3 |g(0,t)|^2 + p_4 \lambda_4 |\psi(0,t)|^2 \right) \\
&\quad + p_1 \lambda_1 \cdot \frac{\lambda_3^2}{\lambda_1^2} |g(0,t)|^2 + p_2 \lambda_2 \left| -\frac{\lambda_4}{\lambda_2} \psi(0,t) + d^* f(1,t) \right|^2
\end{aligned}$$

154

$$+ \left(p_3\lambda_3\gamma_1^2|f(1,t)|^2 + p_4\lambda_4\gamma_2^2|\phi(1,t)|^2 \right) e^\tau, \qquad (7.2.24)$$

其中, $d^* = \dfrac{\lambda_1 - \gamma_1\lambda_3}{\lambda_2}\sqrt{\dfrac{Z_1^*}{Z_2^*}}.$ 下证 $W < 0.$ 令

$$\Delta = \begin{pmatrix} \sqrt{p_1\lambda_1} & 0 & 0 & 0 \\ 0 & \sqrt{p_2\lambda_2} & 0 & 0 \\ 0 & 0 & \sqrt{p_3\lambda_3} & 0 \\ 0 & 0 & 0 & \sqrt{p_4\lambda_4} \end{pmatrix}, \qquad (7.2.25)$$

那么

$$\Delta K \Delta^{-1} = \begin{pmatrix} 0 & 0 & -\dfrac{\lambda_3}{\lambda_1}\sqrt{\dfrac{p_1\lambda_1}{p_3\lambda_3}} & 0 \\ d^*\sqrt{\dfrac{p_2\lambda_2}{p_1\lambda_1}} & 0 & 0 & -\dfrac{\lambda_4}{\lambda_2}\sqrt{\dfrac{p_2\lambda_2}{p_4\lambda_4}} \\ -\gamma_1\sqrt{\dfrac{p_3\lambda_3}{p_1\lambda_1}} & 0 & 0 & 0 \\ 0 & -\gamma_2\sqrt{\dfrac{p_4\lambda_4}{p_2\lambda_2}} & 0 & 0 \end{pmatrix}$$

$$= \begin{pmatrix} 0 & 0 & -\sqrt{\dfrac{\alpha_1\lambda_3}{\beta_1\lambda_1}} & 0 \\ d^*\sqrt{\dfrac{p_2\lambda_2}{p_1\lambda_1}} & 0 & 0 & -\sqrt{\dfrac{\alpha_2\lambda_4}{\beta_2\lambda_2}} \\ -\gamma_1\sqrt{\dfrac{\beta_1\lambda_3}{\alpha_1\lambda_1}} & 0 & 0 & 0 \\ 0 & -\gamma_2\sqrt{\dfrac{\beta_2\lambda_4}{\alpha_2\lambda_2}} & 0 & 0 \end{pmatrix} \qquad (7.2.26)$$

选取参数 p_1, p_2 使得 $p_2 = \varepsilon p_1$, 其中, $\varepsilon > 0$ 是一个常数. 那么, 对特殊情形 $\varepsilon = 0$, 我们可得矩阵 $\Delta K \Delta^{-1}$ 的奇异值 (即该矩阵的非零元素):

$$\sigma_i = \gamma_i \sqrt{\frac{\beta_i \lambda_{i+2}}{\alpha_i \lambda_i}}, \quad \sigma_{2+i} = \sqrt{\frac{\alpha_i \lambda_{2+i}}{\beta_i \lambda_i}}, \ i = 1, 2. \qquad (7.2.27)$$

由此可得:

(i) 根据耗散条件 (7.2.21), 则 $\sigma_i < 1$, $i = 1, 2$;

(ii) 根据 (7.2.5) 可知, $\sigma_{2+i} < 1$, $i = 1, 2$.

由于矩阵范数是它的元素的模的最大值, 则由连续性可得: 当 $\varepsilon > 0$ 充分小时,

$$\|\Delta K \Delta^{-1}\| < 1. \qquad (7.2.28)$$

令

$$z^T = \left(\sqrt{p_1 \lambda_1} f(1, t), \sqrt{p_2 \lambda_2} \phi(1, t), \right.$$
$$\left. \sqrt{p_3 \lambda_3} g(0, t), \sqrt{p_4 \lambda_4} \psi(0, t) \right), \qquad (7.2.29)$$

那么

$$\Delta K \Delta^{-1} z = \begin{pmatrix} -\sqrt{\dfrac{\alpha_1 \lambda_3}{\beta_1 \lambda_1}} \cdot \sqrt{p_3 \lambda_3} g(0, t) \\[2ex] d^* \sqrt{p_2 \lambda_2} f(1, t) - \sqrt{\dfrac{\alpha_2 \lambda_4}{\beta_2 \lambda_2}} \cdot \sqrt{p_4 \lambda_4} \psi(0, t) \\[2ex] -\gamma_1 \sqrt{\dfrac{\beta_1 \lambda_3 p_1}{\alpha_1}} f(1, t) \\[2ex] -\gamma_2 \sqrt{\dfrac{\beta_2 \lambda_4 p_2}{\alpha_2}} \phi(1, t) \end{pmatrix} (7.2.30)$$

且

$$\|\Delta K \Delta^{-1} z\|^2 = p_1 \frac{\lambda_3^2}{\lambda_1}|g(0,t)|^2 + \gamma_1^2 p_3 \lambda_3 |f(1,t)|^2$$

$$+\gamma_2^2 p_4 \lambda_4 |\phi(1,t)|^2 + p_2 \lambda_2 \left|d^* f(1,t) - \frac{\lambda_4}{\lambda_2}\psi(0,t)\right|^2$$

$$< \|z\|^2$$

$$= p_1 \lambda_1 |f(1,t)|^2 + p_2 \lambda_2 |\phi(1,t)|^2$$

$$+p_3 \lambda_3 |g(0,t)|^2 + p_4 \lambda_4 |\psi(0,t)|^2. \tag{7.2.31}$$

于是, 我们总可以选取 $\tau > 0$ 充分小, 使得 $W < 0$.

综上可得:

$$\text{Re}\langle \mathcal{A}X, X \rangle_1 < 0.$$

因此, $\mathcal{A}$ 在 H 上是耗散的. ∎

7.3 系统算子的谱分析

在这一部分, 我们考虑系统算子 $\mathcal{A}$ 的特征值问题:

$$\mathcal{A}X = \mu X, \text{ 其中, } X = (f, g, \phi, \psi) \in D(\mathcal{A}), \tag{7.3.1}$$

当且仅当 f, g, ϕ, ψ 满足如下方程:

$$\begin{cases} -\lambda_1 f' - \alpha_1 f - \beta_1 g = \mu f, \ \lambda_3 g' - \beta_1 g - \alpha_1 f = \mu g, \\ -\lambda_2 \phi' - \alpha_2 \phi - \beta_2 \psi = \mu \phi, \ \lambda_4 \psi' - \beta_2 \psi - \alpha_2 \phi = \mu \psi, \\ \lambda_1 f(0) + \lambda_3 g(0) = 0, \ g(1) + \gamma_1 f(1) = 0, \\ \psi(1) + \gamma_2 \phi(1) = 0, \ \lambda_2 \phi(0) + \lambda_4 \psi(0) = d_1 f(1), \end{cases} \tag{7.3.2}$$

其中, d_1 由 (7.2.14) 给出.

定理 7.3.1 设 $\mathcal{A}$ 由 (7.2.6) 给出，那么 $\mathcal{A}$ 的谱集为：

$$\sigma(\mathcal{A}) = \sigma_p(\mathcal{A}) = \{\mu_{n1}, \ \mu_{n2}, \ n \in \mathbb{Z}\}, \tag{7.3.3}$$

其中，

$$
\mu_{n1} =
\begin{cases}
\text{如果 } \gamma_2 > 0, \\[2mm]
-\dfrac{B_1}{A_1} + \dfrac{\ln \sqrt{\dfrac{\lambda_4 \gamma_2}{\lambda_2}}}{A_1} + \dfrac{n\pi i}{A_1} + \mathcal{O}(n^{-1}), \ n \to \infty; \\[6mm]
\text{如果 } \gamma_2 < 0, \\[2mm]
-\dfrac{B_1}{A_1} + \dfrac{\ln \sqrt{\dfrac{-\lambda_4 \gamma_2}{\lambda_2}}}{A_1} + \dfrac{(n+\dfrac{1}{2})\pi i}{A_1} + \mathcal{O}(n^{-1}), \ n \to \infty;
\end{cases}
$$

$$
\mu_{n2} =
\begin{cases}
\text{如果 } \gamma_1 > 0, \\[2mm]
-\dfrac{B_2}{A_2} + \dfrac{\ln \sqrt{\dfrac{\lambda_3 \gamma_1}{\lambda_1}}}{A_2} + \dfrac{n\pi i}{A_2} + \mathcal{O}(n^{-1}), \ n \to \infty; \\[6mm]
\text{如果 } \gamma_1 < 0, \\[2mm]
-\dfrac{B_2}{A_2} + \dfrac{\ln \sqrt{\dfrac{-\lambda_3 \gamma_1}{\lambda_1}}}{A_2} + \dfrac{(n+\dfrac{1}{2})\pi i}{A_2} + \mathcal{O}(n^{-1}), \ n \to \infty;
\end{cases}
$$

$$
A_1 = \frac{\lambda_2 + \lambda_4}{2\lambda_2\lambda_4}, B_1 = \frac{\lambda_2\beta_2 + \lambda_4\alpha_2}{2\lambda_2\lambda_4};
$$
$$
A_2 = \frac{\lambda_1 + \lambda_3}{2\lambda_1\lambda_3}, B_2 = \frac{\lambda_1\beta_1 + \lambda_3\alpha_1}{2\lambda_1\lambda_3}. \tag{7.3.4}
$$

进一步, 特征函数的渐近表达式为 (7.3.20) 和 (7.3.29) 式.

证明: 考虑

$$\mathcal{A}X = \mu X, \quad 其中, X = (f, g, \phi, \psi) \in D(\mathcal{A}).$$

当 $(f, g) \equiv 0$ 时, 特征值问题 (7.3.2) 变为:

$$-\lambda_2 \phi' - \alpha_2 \phi - \beta_2 \psi = \mu \phi, \tag{7.3.5a}$$

$$\lambda_4 \psi' - \beta_2 \psi - \alpha_2 \phi = \mu \psi, \tag{7.3.5b}$$

$$\psi(1) + \gamma_2 \phi(1) = 0, \tag{7.3.5c}$$

$$\lambda_2 \phi(0) + \lambda_4 \psi(0) = 0. \tag{7.3.5d}$$

根据 (7.3.5a) 得

$$\psi = \frac{-1}{\beta_2}(\lambda_2 \phi' + (\alpha_2 + \mu)\phi), \tag{7.3.6}$$

于是

$$\psi' = \frac{-1}{\beta_2}(\lambda_2 \phi'' + (\alpha_2 + \mu)\phi'). \tag{7.3.7}$$

将其代入 (7.3.5b) 中得

$$\phi'' + a_1 \phi' + b_1 \phi = 0, \tag{7.3.8}$$

其中,

$$a_1 \doteq a_1(\mu) = \frac{(\lambda_4 - \lambda_2)\mu + \lambda_4 \alpha_2 - \lambda_2 \beta_2}{\lambda_2 \lambda_4},$$

$$b_1 \doteq b_1(\mu) = -\frac{\mu^2 + (\alpha_2 + \beta_2)\mu}{\lambda_2 \lambda_4}. \tag{7.3.9}$$

令

$$\phi(x) = h(x)e^{-\frac{1}{2}a_1 x}, \tag{7.3.10}$$

那么由 (7.3.6) 可得

$$\psi(x) = \frac{-1}{\beta_2}e^{-\frac{1}{2}a_1 x}\left[\lambda_2 h'(x) + \left(\alpha_2 + \mu - \frac{1}{2}a_1\lambda_2\right)h(x)\right] \tag{7.3.11}$$

进而, 结合 (7.3.8) 式和边界条件 (7.3.5c) (7.3.5d) 可得

$$\begin{cases} h'' = \left(\frac{1}{4}a_1^2 - b_1\right)h, \\ U_1(h) := \lambda_2 h'(1) + \left(\alpha_2 + \mu - \frac{1}{2}a_1\lambda_2 - \gamma_2\beta_2\right)h(1) = 0, \quad (7.3.12) \\ U_2(h) := \lambda_2\lambda_4 h'(0) + \left[\lambda_4\left(\alpha_2 + \mu - \frac{1}{2}a_1\lambda_2\right) - \lambda_2\beta_2\right]h(0) = 0. \end{cases}$$

显然, (7.3.12) 的基础解系为:

$$q_1(x) = e^{\sqrt{\frac{1}{4}a_1^2 - b_1}\, x}, \quad q_2(x) = e^{-\sqrt{\frac{1}{4}a_1^2 - b_1}\, x}. \tag{7.3.13}$$

将 q_1, q_2 代入 (7.3.12) 的边界条件 $U_k(k = 1, 2)$ 中得

$$U_1(q_1) = \lambda_2\sqrt{\frac{1}{4}a_1^2 - b_1}\, e^{\sqrt{\frac{1}{4}a_1^2 - b_1}}$$

$$+ \left(\alpha_2 + \mu - \frac{1}{2}a_1\lambda_2 - \gamma_2\beta_2\right)e^{\sqrt{\frac{1}{4}a_1^2 - b_1}},$$

$$U_1(q_2) = -\lambda_2\sqrt{\frac{1}{4}a_1^2 - b_1}\, e^{-\sqrt{\frac{1}{4}a_1^2 - b_1}}$$

$$+ \left(\alpha_2 + \mu - \frac{1}{2}a_1\lambda_2 - \gamma_2\beta_2 \right) e^{-\sqrt{\frac{1}{4}a_1^2 - b_1}},$$

$$U_2(q_1) = \lambda_2\lambda_4\sqrt{\frac{1}{4}a_1^2 - b_1} + \lambda_4 \left(\alpha_2 + \mu - \frac{1}{2}a_1\lambda_2 \right) - \lambda_2\beta_2,$$

$$U_2(q_2) = -\lambda_2\lambda_4\sqrt{\frac{1}{4}a_1^2 - b_1} + \lambda_4 \left(\alpha_2 + \mu - \frac{1}{2}a_1\lambda_2 \right) - \lambda_2\beta_2.$$

因此, 特征多项式 $\Delta(\mu)$ 可写为:

$$\Delta(\mu) = \begin{vmatrix} U_1(q_1) & U_1(q_2) \\ U_2(q_1) & U_2(q_2) \end{vmatrix}$$

$$= e^{\sqrt{\frac{1}{4}a_1^2 - b_1}} \left(\lambda_2\sqrt{\frac{1}{4}a_1^2 - b_1} + \alpha_2 + \mu - \frac{1}{2}a_1\lambda_2 - \gamma_2\beta_2 \right)$$

$$\times \left(-\lambda_2\lambda_4\sqrt{\frac{1}{4}a_1^2 - b_1} + \lambda_4 \left(\alpha_2 + \mu - \frac{1}{2}a_1\lambda_2 \right) - \lambda_2\beta_2 \right)$$

$$- e^{-\sqrt{\frac{1}{4}a_1^2 - b_1}} \left(-\lambda_2\sqrt{\frac{1}{4}a_1^2 - b_1} + \alpha_2 + \mu - \frac{1}{2}a_1\lambda_2 - \gamma_2\beta_2 \right)$$

$$\times \left(\lambda_2\lambda_4\sqrt{\frac{1}{4}a_1^2 - b_1} + \lambda_4 \left(\alpha_2 + \mu - \frac{1}{2}a_1\lambda_2 \right) - \lambda_2\beta_2 \right). \quad (7.3.14)$$

那么, 方程 $\Delta(\mu) = 0$ 表明:

$$e^{2\sqrt{\frac{1}{4}a_1^2 - b_1}}$$

$$= \frac{(-\gamma_2\beta_2 + \mathcal{O}(\mu^{-1}))\left[(\lambda_2 + \lambda_4)\mu + \lambda_4\alpha_2 + \mathcal{O}(\mu^{-1}) \right]}{\left(\dfrac{\lambda_2 + \lambda_4}{\lambda_4}\mu + \dfrac{\lambda_2\beta_2}{\lambda_4} + \alpha_2 - \gamma_2\beta_2 + \mathcal{O}(\mu^{-1}) \right)(-\lambda_2\beta_2 + \mathcal{O}(\mu^{-1}))}$$

$$= \frac{-(\lambda_2 + \lambda_4)\gamma_2\beta_2 + \mathcal{O}(\mu^{-1})}{-\lambda_2\beta_2 \cdot \dfrac{\lambda_2 + \lambda_4}{\lambda_4} + \mathcal{O}(\mu^{-1})} = \frac{\lambda_4\gamma_2}{\lambda_2} + \mathcal{O}(\mu^{-1}),$$

其中,

$$\sqrt{\frac{1}{4}a_1^2 - b_1} = A_1\mu + B_1 + \mathcal{O}(\mu^{-1}),$$

$$A_1 = \frac{\lambda_2 + \lambda_4}{2\lambda_2\lambda_4}, \quad B_1 = \frac{\lambda_2\beta_2 + \lambda_4\alpha_2}{2\lambda_2\lambda_4}. \tag{7.3.15}$$

所以, 特征值 μ 满足

$$e^{2(A_1\mu + B_1)} = \frac{\lambda_4\gamma_2}{\lambda_2} + \mathcal{O}(\mu^{-1}). \tag{7.3.16}$$

根据儒歇定理可得

$$\mu_{n1} = \begin{cases} \text{如果 } \gamma_2 > 0, \\[2mm] -\dfrac{B_1}{A_1} + \dfrac{\ln\sqrt{\dfrac{\lambda_4\gamma_2}{\lambda_2}}}{A_1} + \dfrac{n\pi i}{A_1} + \mathcal{O}(n^{-1}), \ n \to \infty; \\[4mm] \text{如果 } \gamma_2 < 0, \\[2mm] -\dfrac{B_1}{A_1} + \dfrac{\ln\sqrt{\dfrac{-\lambda_4\gamma_2}{\lambda_2}}}{A_1} + \dfrac{\left(n + \dfrac{1}{2}\right)\pi i}{A_1} + \mathcal{O}(n^{-1}), \ n \to \infty. \end{cases} \tag{7.3.17}$$

下面, 为了简便, 我们仅考虑 $\gamma_1, \gamma_2 > 0$ 的情形.

考虑到 $h(x) = C_1 q_1(x) + C_2 q_2(x)$, 其中, C_1 和 C_2 为待定常数. 将其代入 (7.3.12) 的最后一个等式中得

$$\lambda_2\lambda_4\left(C_1\sqrt{\frac{1}{4}a_1^2 - b_1} - C_2\sqrt{\frac{1}{4}a_1^2 - b_1}\right)$$

$$+ \left[\lambda_4 \left(\alpha_2 + \mu - \frac{1}{2} a_1 \lambda_2 \right) - \lambda_2 \beta_2 \right] (C_1 + C_2) = 0,$$

即

$$\frac{C_1}{C_2} = -\frac{-\lambda_2 \lambda_4 \sqrt{\frac{1}{4} a_1^2 - b_1} + \lambda_4 (\alpha_2 + \mu - \frac{1}{2} a_1 \lambda_2) - \lambda_2 \beta_2}{\lambda_2 \lambda_4 \sqrt{\frac{1}{4} a_1^2 - b_1} + \lambda_4 (\alpha_2 + \mu - \frac{1}{2} a_1 \lambda_2) - \lambda_2 \beta_2}$$

$$= \frac{-\lambda_2 \lambda_4 (A_1 \mu + B_1) + \lambda_4 (\alpha_2 + \mu - \frac{1}{2} a_1 \lambda_2) - \lambda_2 \beta_2 + \mathcal{O}(\mu^{-1})}{\lambda_2 \lambda_4 (A_1 \mu + B_1) + \lambda_4 (\alpha_2 + \mu - \frac{1}{2} a_1 \lambda_2) - \lambda_2 \beta_2 + \mathcal{O}(\mu^{-1})}$$

$$= \frac{\lambda_2 \beta_2 + \mathcal{O}(\mu^{-1})}{(\lambda_2 + \lambda_4) \mu + \lambda_4 \alpha_2 + \mathcal{O}(\mu^{-1})} = \mathcal{O}(n^{-1}).$$

选取 $C_2 = 1$, 那么,

$$h_n(x) = \frac{\lambda_2 \beta_2}{(\lambda_2 + \lambda_4)\mu} e^{\sqrt{\frac{1}{4} a_1^2 - b_1} x} + e^{-\sqrt{\frac{1}{4} a_1^2 - b_1} x} + \mathcal{O}(\mu^{-2})$$

$$= e^{-\sqrt{\frac{1}{4} a_1^2 - b_1} x} + \mathcal{O}(\mu^{-1}) = \left(\frac{\lambda_4 \gamma_2}{\lambda_2} \right)^{-\frac{x}{2}} e^{-n\pi i x} + \mathcal{O}(n^{-1}),$$

并且

$$\phi_n(x)$$

$$= e^{-\frac{1}{2} a_1 x} \left(\frac{\lambda_2 \beta_2}{(\lambda_2 + \lambda_4)\mu} e^{\sqrt{\frac{1}{4} a_1^2 - b_1} x} + e^{-\sqrt{\frac{1}{4} a_1^2 - b_1} x} \right) + \mathcal{O}(\mu^{-2})$$

$$= e^{-\frac{1}{2} a_1 x} e^{-\sqrt{\frac{1}{4} a_1^2 - b_1} x} + \mathcal{O}(n^{-1})$$

163

$$= e^{-\frac{1}{2}a_1 x} \left(\frac{\lambda_4 \gamma_2}{\lambda_2}\right)^{-\frac{x}{2}} e^{-n\pi i x} + \mathcal{O}(n^{-1})$$

$$= M_1(x) \left(\frac{\lambda_4 \gamma_2}{\lambda_2}\right)^{-\frac{x}{2}} e^{-\frac{2\lambda_4}{\lambda_2 + \lambda_4} \cdot n\pi i x} + \mathcal{O}(n^{-1}), \qquad (7.3.18)$$

其中, $M_1(x) = \exp\left\{-\dfrac{(\lambda_4 - \lambda_2)\ln\sqrt{\dfrac{\lambda_4 \gamma_2}{\lambda_2}} + \alpha_2 - \beta_2}{\lambda_2 + \lambda_4} x\right\}$. 进一步,

根据 (7.3.11),

$$\psi_n(x) = \left(-\frac{\lambda_2}{\lambda_4}\right) e^{-\frac{1}{2}a_1 x} e^{\sqrt{\frac{1}{4}a_1^2 - b_1}x} + \mathcal{O}(n^{-1})$$

$$= M_1(x) \cdot \left(-\frac{\lambda_2}{\lambda_4}\right) \left(\frac{\lambda_4 \gamma_2}{\lambda_2}\right)^{\frac{x}{2}} e^{\frac{2\lambda_2}{\lambda_2 + \lambda_4} \cdot n\pi i x}$$

$$+ \mathcal{O}(n^{-1}). \qquad (7.3.19)$$

由此可得对应于特征值 μ_{n1} 的特征函数的渐近表达式:

$$\begin{cases} f_{n1}(x) = 0, \ g_{n1}(x) = 0, \\[2mm] \phi_{n1}(x) = M_1(x) \left(\dfrac{\lambda_4 \gamma_2}{\lambda_2}\right)^{-\frac{x}{2}} e^{-\frac{2\lambda_4}{\lambda_2 + \lambda_4} \cdot n\pi i x} \\[3mm] \qquad\quad + \mathcal{O}(n^{-1}), \ n \in \mathbb{Z}, \\[3mm] \psi_{n1}(x) = \left(-\dfrac{\lambda_2}{\lambda_4}\right) M_1(x) \left(\dfrac{\lambda_4 \gamma_2}{\lambda_2}\right)^{\frac{x}{2}} e^{\frac{2\lambda_2}{\lambda_2 + \lambda_4} \cdot n\pi i x} \\[3mm] \qquad\quad + \mathcal{O}(n^{-1}), \ n \in \mathbb{Z}. \end{cases} \qquad (7.3.20)$$

当 $(f, g) \neq 0$ 时, 我们首先考虑 (7.3.2) 的前两个方程以及相应的边界条件, 即

$$
\begin{cases}
-\lambda_1 f' - \alpha_1 f - \beta_1 g = \mu f, \\[2mm]
\lambda_3 g' - \beta_1 g - \alpha_1 f = \mu g, \\[2mm]
\lambda_1 f(0) + \lambda_3 g(0) = 0, \\[2mm]
g(1) + \gamma_1 f(1) = 0.
\end{cases}
\tag{7.3.21}
$$

采用类似于对方程 (7.3.5a)–(7.3.5d) 的分析方法, 我们可以得到系统算子 $\mathcal{A}$ 的另外一支特征值和特征函数:

$$
\begin{cases}
\mu_{n2} = -\dfrac{B_2}{A_2} + \dfrac{\ln\sqrt{\dfrac{\lambda_3\gamma_1}{\lambda_1}}}{A_2} + \dfrac{n\pi i}{A_2} + \mathcal{O}(n^{-1}), \quad (\gamma_1 > 0), \\[6mm]
f_n(x) = e^{-\frac{1}{2}a_2 x}\left(\dfrac{\lambda_3\gamma_1}{\lambda_1}\right)^{-\frac{x}{2}} e^{-n\pi i x} + \mathcal{O}(n^{-1}) \\[4mm]
\qquad = M_2(x)\left(\dfrac{\lambda_3\gamma_1}{\lambda_1}\right)^{-\frac{x}{2}} e^{-\frac{2\lambda_3}{\lambda_1+\lambda_3}\cdot n\pi i x} + \mathcal{O}(n^{-1}), \\[4mm]
g_n(x) = e^{-\frac{1}{2}a_2 x}\left(-\dfrac{\lambda_1}{\lambda_3}\right)\left(\dfrac{\lambda_3\gamma_1}{\lambda_1}\right)^{\frac{x}{2}} e^{n\pi i x} + \mathcal{O}(n^{-1}) \\[4mm]
\qquad = \left(-\dfrac{\lambda_1}{\lambda_3}\right) M_2(x)\left(\dfrac{\lambda_3\gamma_1}{\lambda_1}\right)^{\frac{x}{2}} e^{\frac{2\lambda_1}{\lambda_1+\lambda_3}\cdot n\pi i x} + \mathcal{O}(n^{-1}),
\end{cases}
\tag{7.3.22}
$$

其中,

$$
A_2 = \frac{\lambda_1 + \lambda_3}{2\lambda_1\lambda_3}, \quad B_2 = \frac{\lambda_1\beta_1 + \lambda_3\alpha_1}{2\lambda_1\lambda_3},
$$

$$a_2 \doteq a_2(\mu) = \frac{(\lambda_3 - \lambda_1)\mu + \lambda_3\alpha_1 - \lambda_1\beta_1}{\lambda_1\lambda_3},$$

$$M_2(x) = e^{-\frac{(\lambda_3 - \lambda_1)\ln\sqrt{\frac{\lambda_3\gamma_1}{\lambda_1}} + \alpha_1 - \beta_1}{\lambda_1 + \lambda_3}x}. \qquad (7.3.23)$$

下面, 我们计算 ϕ 和 ψ. 注意到

$$\begin{cases} -\lambda_2\phi' - \alpha_2\phi - \beta_2\psi = \mu\phi, \\ \lambda_4\psi' - \beta_2\psi - \alpha_2\phi = \mu\psi, \\ \psi(1) + \gamma_2\phi(1) = 0, \\ \lambda_2\phi(0) + \lambda_4\psi(0) = d_1 f(1), \end{cases} \qquad (7.3.24)$$

类似于步骤 (7.3.6)–(7.3.13) 可得

$$\begin{cases} \phi(x) = e^{-\frac{1}{2}a_1 x}\left(C_3 e^{\sqrt{\frac{1}{4}a_1^2 - b_1}x} + C_4 e^{-\sqrt{\frac{1}{4}a_1^2 - b_1}x}\right), \\ \psi(x) = \frac{-1}{\beta_2}e^{-\frac{1}{2}a_1 x}\left\{C_3 e^{\sqrt{\frac{1}{4}a_1^2 - b_1}x}\right. \\ \qquad \cdot\left[\lambda_2\left(-\frac{1}{2}a_1 + \sqrt{\frac{1}{4}a_1^2 - b_1}\right) + \alpha_2 + \mu\right] \\ \qquad \left. + C_4 e^{-\sqrt{\frac{1}{4}a_1^2 - b_1}x}\left[\lambda_2\left(-\frac{1}{2}a_1 - \sqrt{\frac{1}{4}a_1^2 - b_1}\right) + \alpha_2 + \mu\right]\right\}, \end{cases} \qquad (7.3.25)$$

其中, C_3 和 C_4 是待定常数. 将其代入 (7.3.24) 的边界条件中得

$$\begin{cases} C_3\left\{\lambda_2\beta_2 - \lambda_4\left[\lambda_2(-\frac{1}{2}a_1 + \sqrt{\frac{1}{4}a_1^2 - b_1}) + \alpha_2 + \mu\right]\right\} \\ \\ +C_4\left\{\lambda_2\beta_2 - \lambda_4\left[\lambda_2(-\frac{1}{2}a_1 - \sqrt{\frac{1}{4}a_1^2 - b_1}) + \alpha_2 + \mu\right]\right\} \\ \\ = d_1\beta_2 f(1), \\ \\ C_3 e^{2\sqrt{\frac{1}{4}a_1^2 - b_1}}\left[\lambda_2\left(-\frac{1}{2}a_1 + \sqrt{\frac{1}{4}a_1^2 - b_1}\right) + \alpha_2 + \mu - \beta_2\gamma_2\right] \\ \\ +C_4\left[\lambda_2\left(-\frac{1}{2}a_1 - \sqrt{\frac{1}{4}a_1^2 - b_1}\right) + \alpha_2 + \mu - \beta_2\gamma_2\right] = 0. \end{cases} \tag{7.3.26}$$

显然, (7.3.26) 的系数多项式为:

$$\Delta = \begin{vmatrix} \Delta_1 & \Delta_2 \\ \Delta_3 & \Delta_4 \end{vmatrix} = \Delta_1\Delta_4 - \Delta_2\Delta_3$$

$$= [(\lambda_2 + \lambda_4)\beta_2\gamma_2\mu + \mathcal{O}(1)] - e^{2\sqrt{\frac{1}{4}a_1^2 - b_1}}\left[\lambda_2\beta_2 \cdot \frac{\lambda_2 + \lambda_4}{\lambda_4}\mu + \mathcal{O}(1)\right]$$

$$= \left[(\lambda_2 + \lambda_4)\beta_2\gamma_2 - e^{2\sqrt{\frac{1}{4}a_1^2 - b_1}}\lambda_2\beta_2 \cdot \frac{\lambda_2 + \lambda_4}{\lambda_4}\right]\mu + \mathcal{O}(1),$$

其中,

$$\Delta_1 = \lambda_2\beta_2 - \lambda_4\left[\lambda_2\left(-\frac{1}{2}a_1 + \sqrt{\frac{1}{4}a_1^2 - b_1}\right) + \alpha_2 + \mu\right]$$

$$= -(\lambda_2 + \lambda_4)\mu - \lambda_4\alpha_2 + \mathcal{O}(\mu^{-1}),$$

$$\Delta_2 = \lambda_2\beta_2 - \lambda_4\left[\lambda_2\left(-\frac{1}{2}a_1 - \sqrt{\frac{1}{4}a_1^2 - b_1}\right) + \alpha_2 + \mu\right]$$
$$= \lambda_2\beta_2 + \mathcal{O}(\mu^{-1}),$$

$$\Delta_3 = e^{2\sqrt{\frac{1}{4}a_1^2 - b_1}}\left[\lambda_2\left(-\frac{1}{2}a_1 + \sqrt{\frac{1}{4}a_1^2 - b_1}\right) + \alpha_2 + \mu - \beta_2\gamma_2\right]$$
$$= e^{2\sqrt{\frac{1}{4}a_1^2 - b_1}}\left(\frac{\lambda_2 + \lambda_4}{\lambda_4}\mu + \frac{\lambda_2\beta_2}{\lambda_4} + \alpha_2 - \beta_2\gamma_2\right) + \mathcal{O}(\mu^{-1}),$$

$$\Delta_4 = \lambda_2\left(-\frac{1}{2}a_1 - \sqrt{\frac{1}{4}a_1^2 - b_1}\right) + \alpha_2 + \mu - \beta_2\gamma_2$$
$$= -\beta_2\gamma_2 + \mathcal{O}(\mu^{-1}),$$

并且,

$$\lambda_2\left(-\frac{1}{2}a_1 - \sqrt{\frac{1}{4}a_1^2 - b_1}\right) + \alpha_2 + \mu = \mathcal{O}(\mu^{-1}),$$

$$\lambda_2\left(-\frac{1}{2}a_1 + \sqrt{\frac{1}{4}a_1^2 - b_1}\right) + \alpha_2 + \mu$$
$$= \frac{\lambda_2 + \lambda_4}{\lambda_4}\mu + \frac{\lambda_4\alpha_2 + \lambda_2\beta_2}{\lambda_4} + \mathcal{O}(\mu^{-1}).$$

因此,

$$C_3 = \frac{\begin{vmatrix} d_1\beta_2f(1) & \Delta_2 \\ 0 & \Delta_4 \end{vmatrix}}{\Delta} = -\frac{d_1\beta_2^2\gamma_2f(1)}{\Delta} + \mathcal{O}(n^{-2}) = \mathcal{O}(n^{-1}),$$

168

$$C_4 = \frac{\begin{vmatrix} \Delta_1 & d_1\beta_2 f(1) \\ \Delta_3 & 0 \end{vmatrix}}{\Delta} = -\frac{d_1\beta_2 f(1)e^{2\sqrt{\frac{1}{4}a_1^2 - b_1}}\dfrac{\lambda_2 + \lambda_4}{\lambda_4}\mu + \mathcal{O}(1)}{\Delta}$$

$$= -\frac{d_1\beta_2 f(1)e^{2\sqrt{\frac{1}{4}a_1^2 - b_1}}\dfrac{\lambda_2 + \lambda_4}{\lambda_4}\mu + \mathcal{O}(1)}{\left[(\lambda_2 + \lambda_4)\beta_2\gamma_2 - e^{2\sqrt{\frac{1}{4}a_1^2 - b_1}}\lambda_2\beta_2 \cdot \dfrac{\lambda_2 + \lambda_4}{\lambda_4}\right]\mu + \mathcal{O}(1)}$$

$$= -\frac{d_1\beta_2 f(1)e^{2\sqrt{\frac{1}{4}a_1^2 - b_1}}\dfrac{\lambda_2 + \lambda_4}{\lambda_4}}{(\lambda_2 + \lambda_4)\beta_2\gamma_2 - e^{2\sqrt{\frac{1}{4}a_1^2 - b_1}}\lambda_2\beta_2 \cdot \dfrac{\lambda_2 + \lambda_4}{\lambda_4}} + \mathcal{O}(n^{-1})$$

$$= -\frac{d_1 f(1)e^{2\sqrt{\frac{1}{4}a_1^2 - b_1}}}{\lambda_4\gamma_2 - \lambda_2 e^{2\sqrt{\frac{1}{4}a_1^2 - b_1}}} + \mathcal{O}(n^{-1}), \tag{7.3.27}$$

将其代入 (7.3.25) 可得

$$\begin{cases} \phi(x) = -\dfrac{d_1 f(1)e^{2\sqrt{\frac{1}{4}a_1^2 - b_1}}}{\lambda_4\gamma_2 - \lambda_2 e^{2\sqrt{\frac{1}{4}a_1^2 - b_1}}}e^{\left(-\frac{1}{2}a_1 - \sqrt{\frac{1}{4}a_1^2 - b_1}\right)x} \\ \qquad + \mathcal{O}(n^{-1}), \\ \psi(x) = \mathcal{O}(n^{-1}), \end{cases}$$

其中,

$$\exp\left\{2\sqrt{\frac{1}{4}a_1^2 - b_1}\right\} = \exp\left\{2\left(A_1\mu + B_1 + \mathcal{O}(\mu^{-1})\right)\right\}$$

$$= \exp\left\{\frac{\lambda_2 + \lambda_4}{\lambda_2\lambda_4}\mu + \frac{\lambda_2\beta_2 + \lambda_4\alpha_2}{\lambda_2\lambda_4} + \mathcal{O}(\mu^{-1})\right\}$$

$$= \exp\left\{\frac{\lambda_2 + \lambda_4}{\lambda_2\lambda_4}\left[-\frac{\lambda_1\beta_1 + \lambda_3\alpha_1}{\lambda_1 + \lambda_3} + \frac{2\lambda_1\lambda_3\ln\sqrt{\frac{\lambda_3\gamma_1}{\lambda_1}}}{\lambda_1 + \lambda_3} + \frac{2\lambda_1\lambda_3 n\pi i}{\lambda_1 + \lambda_3}\right]\right.$$

$$\left. + \frac{\lambda_2\beta_2 + \lambda_4\alpha_2}{\lambda_2\lambda_4}\right\} + \mathcal{O}(n^{-1}).$$

于是, 对应于特征值 μ_{n2} 的特征函数的渐近表达式为:

$$
\begin{cases}
f_n(x) = M_2(x)\left(\dfrac{\lambda_3\gamma_1}{\lambda_1}\right)^{-\frac{x}{2}} e^{-\frac{2\lambda_3}{\lambda_1 + \lambda_3}\cdot n\pi i x} + \mathcal{O}(n^{-1}), \\[4mm]
g_n(x) = \left(-\dfrac{\lambda_1}{\lambda_3}\right)M_2(x)\left(\dfrac{\lambda_3\gamma_1}{\lambda_1}\right)^{\frac{x}{2}} e^{\frac{2\lambda_1}{\lambda_1 + \lambda_3}\cdot n\pi i x} + \mathcal{O}(n^{-1}), \\[4mm]
\phi_n(x) = -\dfrac{d_1 f_n(1) e^{2\sqrt{\frac{1}{4}a_1^2 - b_1}}}{\lambda_4\gamma_2 - \lambda_2 e^{2\sqrt{\frac{1}{4}a_1^2 - b_1}}} e^{\left(-\frac{1}{2}a_1 - \sqrt{\frac{1}{4}a_1^2 - b_1}\right)x} \\[2mm]
\qquad\quad + \mathcal{O}(n^{-1}), \\[4mm]
\psi_n(x) = \mathcal{O}(n^{-1}).
\end{cases}
\tag{7.3.28}
$$

进而, 将上述特征函数在 Hilbert 状态空间 $\mathcal{H}$ 中近似标准化, 我们可得对应于特征值 μ_{n2} 的特征函数的渐近表达式为:

$$
\begin{cases}
f_{n2}'(x) = M_2(x) \left(\dfrac{\lambda_3 \gamma_1}{\lambda_1}\right)^{-\frac{x}{2}} e^{-\frac{2\lambda_3}{\lambda_1 + \lambda_3} \cdot n\pi i x} + \mathcal{O}(n^{-1}), \\[3mm]
g_{n2}'(x) = M_2(x) \left(-\dfrac{\lambda_1}{\lambda_3}\right) \left(\dfrac{\lambda_3 \gamma_1}{\lambda_1}\right)^{\frac{x}{2}} e^{\frac{2\lambda_1}{\lambda_1 + \lambda_3} \cdot n\pi i x} \\[3mm]
\qquad + \mathcal{O}(n^{-1}), \\[3mm]
\phi_{n2}(x) = \mathcal{O}(n^{-1}), \ n \in \mathbb{Z}, \ n \to \infty, \\[3mm]
\psi_{n2}(x) = \mathcal{O}(n^{-2}).
\end{cases}
\tag{7.3.29}
$$

∎

注 7.3.1 根据定理 7.3.1 易知, 参数 γ_i 的符号对特征值的影响不大, 只是进行一个相位的移动.

7.4 Riesz 基性质和指数稳定性

在这一部分, 我们将会建立系统 (7.2.7) 的 Riesz 基性质和指数稳定性.

定义 Hilbert 空间 $\mathcal{H}_0 = (L^2[0,1])^4$ 上的线性算子 $\mathcal{A}_0$ 如下:

$$
\mathcal{A}_0 X^0
$$

$$
= \begin{pmatrix}
-\lambda_1 \frac{\partial}{\partial x} - \alpha_1 & -\beta_1 & 0 & 0 \\[2mm]
-\alpha_1 & \lambda_3 \frac{\partial}{\partial x} - \beta_1 & 0 & 0 \\[2mm]
0 & 0 & -\lambda_2 \frac{\partial}{\partial x} - \alpha_2 & -\beta_2 \\[2mm]
0 & 0 & -\alpha_2 & \lambda_4 \frac{\partial}{\partial x} - \beta_2
\end{pmatrix} X^0
\tag{7.4.1}
$$

其中, $X^0 = (f^0, g^0, \phi^0, \psi^0)$, 且

$$
D(\mathcal{A}_0) = \left\{ \begin{pmatrix} f^0 \\ g^0 \\ \phi^0 \\ \psi^0 \end{pmatrix} \in (H^1(0,1))^4 \;\middle|\; \begin{array}{l} f^0(0) = -\dfrac{\lambda_3}{\lambda_1} g^0(0), \\[2mm] g^0(1) = -\gamma_1 f^0(1) \\[2mm] \phi^0(0) = -\dfrac{\lambda_4}{\lambda_2} \psi^0(0), \\[2mm] \psi^0(1) = -\gamma_2 \phi^0(1) \end{array} \right\} \quad (7.4.2)
$$

经过类似定理 7.3.1 的简单计算可得算子 $\mathcal{A}_0$ 的下述性质.

引理 7.4.1 设 $\mathcal{A}_0$ 由 (7.4.1) 和 (7.4.2) 给出, 那么 $\mathcal{A}_0$ 的渐近特征值 μ_n^0 和相应的特征函数 $(f_n^0, g_n^0, \phi_n^0, \psi_n^0)$ 为:

$$
\begin{cases}
\mu_{n1}^0 = -\dfrac{B_1}{A_1} + \dfrac{\ln\sqrt{\dfrac{\lambda_4\gamma_2}{\lambda_2}}}{A_1} + \dfrac{n\pi i}{A_1} + \mathcal{O}(n^{-1}), \; n \in \mathbb{Z}, \; n \to \infty, \\[4mm]
f_{n1}^0(x) = 0, \;\; g_{n1}^0(x) = 0, \\[2mm]
\phi_{n1}^0(x) = M_1(x) \left(\dfrac{\lambda_4\gamma_2}{\lambda_2}\right)^{-\frac{x}{2}} e^{-\frac{2\lambda_4}{\lambda_2+\lambda_4} \cdot n\pi i x} + \mathcal{O}(n^{-1}), \\[4mm]
\psi_{n1}^0(x) = (-\dfrac{\lambda_2}{\lambda_4}) M_1(x) \left(\dfrac{\lambda_4\gamma_2}{\lambda_2}\right)^{\frac{x}{2}} e^{\frac{2\lambda_2}{\lambda_2+\lambda_4} \cdot n\pi i x} + \mathcal{O}(n^{-1}),
\end{cases} \quad (7.4.3)
$$

和

$$
\mu_{n2}^0 = -\dfrac{B_2}{A_2} + \dfrac{\ln\sqrt{\dfrac{\lambda_3\gamma_1}{\lambda_1}}}{A_2} + \dfrac{n\pi i}{A_2} + \mathcal{O}(n^{-1}), \; n \in \mathbb{Z}, \; n \to \infty,
$$

$$
f_{n2}^0(x) = M_2(x) \left(\dfrac{\lambda_3\gamma_1}{\lambda_1}\right)^{-\frac{x}{2}} e^{-\frac{2\lambda_3}{\lambda_1+\lambda_3} \cdot n\pi i x} + \mathcal{O}(n^{-1}),
$$

$$g_{n2}^0(x) = \left(-\frac{\lambda_1}{\lambda_3}\right) M_2(x) \left(\frac{\lambda_3 \gamma_1}{\lambda_1}\right)^{\frac{x}{2}} e^{\frac{2\lambda_1}{\lambda_1+\lambda_3}} \cdot n\pi i x$$
$$+ \mathcal{O}(n^{-1}),$$

$$\phi_{n2}^0(x) = 0, \quad \psi_{n2}^0(x) = 0. \tag{7.4.4}$$

进而, 根据文献 [13] 中的定理 4.4 和定理 4.5, 算子 $\mathcal{A}_0$ 有下述性质.

引理 7.4.2 设 $\mathcal{A}_0$ 由 (7.4.1) 和 (7.4.2) 给出, 那么存在算子 $\mathcal{A}_0$ 的一列广义特征函数构成 $\mathcal{H}_0$ 的一组 Riesz 基.

因此, 我们可得下述结论.

定理 7.4.1 设 $\mathcal{A}$ 由 (7.2.6) 给出, 特征函数的渐近表达式由 (7.3.20) 和 (7.3.29) 给出. 那么存在 $\mathcal{A}$ 的一列广义特征函数构成 Hilbert 状态空间 $\mathcal{H}$ 的一组 Riesz 基.

证明: 通过引理 7.4.2, 易知: (7.4.3) 式和 (7.4.4) 式构成 $(L^2[0,1])^4$ 的一组 Riesz 基. 另一方面,

$$\sum_{n \geq N}^{\infty} \sum_{i=1}^{2} \left(\|f_{ni}' - f_{ni}^0\|^2 + \|g_{ni}' - g_{ni}^0\|^2 \right.$$

$$\left. + \|\phi_{ni} - \phi_{ni}^0\|^2 + \|\psi_{ni} - \psi_{ni}^0\|^2 \right) = \sum_{n \geq N}^{\infty} \mathcal{O}(n^{-2}) < \infty. \tag{7.4.5}$$

因此, 特征函数 $\{(f_{ni}', g_{ni}', \phi_{ni}, \psi_{ni})\}_{i=1}^{2}$ 也构成 $(L^2[0,1])^4$ 的一组 Riesz 基. 因此, 由 (7.3.20) 和 (7.3.29) 构成的特征函数

$$\{(f_{ni}, g_{ni}, \phi_{ni}, \psi_{ni})\}_{i=1}^{2}$$

形成了 $\mathcal{H}$ 的一组 Riesz 基.

定理 7.4.2 设 $\mathcal{A}$ 由 (7.2.6) 给出, 那么

(i) $\mathcal{A}$ 生成 $\mathcal{H}$ 上的 C_0-半群 $e^{\mathcal{A}t}$.

(ii) 半群 $e^{\mathcal{A}t}$ 的谱确定增长条件成立.

(iii) 系统 (7.2.7) 是指数稳定的, 也就是说, 存在常数 $M > 0$ 和 $\omega > 0$ 使得

$$\|e^{\mathcal{A}t}\| \leq Me^{-\omega t}.$$

证明: 由于系统算子 $\mathcal{A}$ 存在一列广义特征函数构成 $\mathcal{H}$ 的一组 Riesz 基, 则由特征值的渐近表达式 (7.3.17) 和 (7.3.22) 可得, (i) 和 (ii) 成立. 根据 (ii), 系统 (7.2.7) 的稳定性取决于系统算子 $\mathcal{A}$ 的谱的实部的最大值. 根据定理 7.2.2, 对任给的 $\mu \in \sigma(\mathcal{A})$, $\mathrm{Re}(\mu) < 0$, 且由定理 7.3.1, 虚轴不是特征值的渐近线. 因此, 系统 (7.2.7) 是指数稳定的. ■

7.5　本章小结

本章研究基于线性化 Saint-Venant 方程的两渠道串级系统的反馈控制与指数镇定问题, 给出了系统算子的谱的性质以及系统算子的特征值和特征函数的渐近表达式, 证明了系统在 Hilbert 状态空间 $\mathcal{H} = (H^1(0,1) \times H^1(0,1))_E \times L^2(0,1) \times L^2(0,1)$ 下形成一个 Riesz 谱系统, 且谱确定增长条件成立. 对于本章的研究结果, 还有以下两个方向有待进一步讨论:

(1) 根据文献 [3] 可知, 该系统在能量空间 $(L^2(0,1))^4$ 下是指数

稳定的. 这说明本章对空间的光滑性要求提高了. 这一要求是不是必须的? 能不能降低?

(2) 我们可进一步研究 n 段渠道串级的情形.

第八章　研究结论和工作展望

近十多年来, 随着航空及外太空技术的发展, 无穷维耦合系统的研究受到了广大工程人员和数学学者的广泛关注, 对无穷维耦合系统的镇定与控制研究具有十分重要的理论和现实指导意义.

无穷维耦合系统是一种典型的分布参数系统, 包括 PDE-ODE 和 PDE-PDE 耦合系统. 论文利用算子半群理论, 谱分析方法和 Riesz 基方法研究一类无穷维耦合系统的镇定与控制问题, 主要包括以下几个方面的研究工作:

1. 本文第二章研究单摆系统在 PDP 控制器下的反馈控制及镇定问题. 将时滞 ODE 系统改写为一个 PDE-ODE 无穷维耦合系统, 利用算子半群理论和谱分析方法研究系统的适定性和谱确定增长条件, 并给出系统的指数稳定性与系统参数之间的关系. 采用类似的方法, 本文第三章研究 PDP 控制器本身带有时间延迟时倒立摆系统的指数镇定问题.

2. 本文第四章研究 heat-ODE 无穷维耦合系统的镇定与控制, 以热方程作为动态补偿控制器去镇定带有未知参数 k, b 的二阶 ODE 系统. 本章证明了存在一列广义特征函数构成 Hilbert 状态空间的一组 Riesz 基, 从而建立了系统的指数稳定性. 理论研究和数值模拟结果表明, 将热方程作为 ODE 系统的补偿控制器能够加快系统的衰减速度, 并且对系统中的参数 k, b 不再有太多限制, 只要 $k > 0$, $b \neq 0$. 这大大放松了对系统参数的限制条件. 同理, 我们在第五章讨论了 wave-ODE 无穷维耦合系统的镇定与控制, 将带有

K-V 阻尼的波动方程作为动态补偿控制器去镇定带有未知参数 k, b 的二阶 ODE 系统.

3. 第六章研究具有小世界联接的时滞环形神经网络系统的动力学性能, 并结合 Schur-Cohn 准则探讨小世界联接权值 c 的与时滞无关的稳定性区间.

4. 第七章采用 Riesz 基方法研究基于线性化 Saint-Venant 方程的两渠道串级系统的反馈控制和指数镇定问题. 首先采用谱分析方法给出系统算子的特征值和特征函数的渐近表达式, 然后证明存在一列广义特征函数构成 Hilbert 状态空间的一组 Riesz 基, 因此系统的谱确定增长条件成立.

论文针对无穷维耦合系统的镇定与控制理论研究, 阐述了一些的新的思想和结论. 但是, 还有一些不满意和不完善的地方值得进一步深入研究. 就作者而言, 可从以下几个课题展开讨论:

1. 本文第二章至第五章研究的 PDE–ODE 无穷维耦合系统中的 ODE 均为二阶 ODE, 今后可以考虑将其推广到 n 阶 ODE 的情形, 即研究 n 阶 ODE 系统和各类 PDE 系统 (如一阶双曲方程, 热方程, 波动方程等) 通过边界连接所构成的 PDE–ODE 无穷维耦合系统. 如何设置 n 阶 ODE 系统和各类 PDE 系统的边界反馈连接是建立系统稳定性的关键.

2. 第六章仅仅讨论了小世界联接 c 的与时滞无关的稳定性区间, 那么, 与时滞相关的稳定性有待进一步讨论. 另外, 当系统中含有两个甚至更多个小世界联接时, 神经网络系统的状态的收敛速度如何, 是更容易达到镇定吗? 这也是一个有待研究的课题.

3. 本文第七章研究基于线性化 Saint-Venant 方程的两渠

道串级系统, 证明了系统在 Hilbert 状态空间 $\mathcal{H} = (H^1(0,1) \times H^1(0,1))_E \times L^2(0,1) \times L^2(0,1)$ 下形成一个 Riesz 谱系统. 已有文献 ([3]) 表明, 该系统在能量空间 $(L^2(0,1))^4$ 下是指数稳定的. 这说明本章对空间的光滑性要求提高了. 这一要求是不是必须的? 能不能降低? 另外, 我们可进一步研究 n 段渠道串级系统的 Riesz 基性质和指数稳定性.

参 考 文 献

[1] Z. Artstein. Linear systems with delayed controls: a reduction [J], IEEE Transactions on Automatic Control, 1982, 27: 869-879.

[2] F.M. Atay. Balancing the inverted pendulum using position feedback [J], Applied Mathematics Letters, 1999, 12: 51-56.

[3] G. Bastin, J.M. Coron and B.D. Novel. On Lyapunov stability of linearised Saint-Venant equations for a sloping channel [J], Networks and Heterogeneous Media, 2009, 4 (2): 177-187.

[4] G. Bastin, J.M. Coron and B.D. Novel. Using hyperbolic systems of balance laws for modeling, control and stability analysis of physical networks [C], In 17th IFAC World Congress, Lecture notes for the pre-congress workshop on complex embedded and networked control systems, Seoul, Korea, July 2009.

[5] G. Bastin, B. Haut, J.M. Coron, and B.D. Novel. Lyapunov stability analysis of networks of scalar conservation laws [J], Networks and Heterogeneous Media, 2007, 2: 749-757.

[6] J. Bélair. Stability in a model of a delayed neural network [J], Journal of Dynamics and Differential Equations, 1993, 5: 607-623.

[7] E.L. Berlow. Strong effects of weak interactions in ecological communities [J], Nature, 1999, 398: 330-334.

179

[8] S. Boccaletti, V. Latora, Y. Moreno, et al. Complex networks: structure and dynamics [J], Physics Report, 2006, 424: 175-308.

[9] M. Cantoni, E. Weyer, Y. Li, I. Mareels and M. Ryan. Control of large-scale irrigation networks [C], Proceedings of the IEEE, 2007, 95: 75-91.

[10] S.G. Chai, B.Z. Guo. Well-posedness and regularity of weakly coupled wave-plate equation with boundary control and observation [J], Journal of Dynamical and Control Systems, 2009, 15: 331 – 358.

[11] S.G. Chai, B.Z. Guo. Well-posedness and regularity of Naghdi's shell equation under boundary control [J], Journal of Differential Equations, 2010, 249: 3174-3214.

[12] W.H. Chen, Z.H. Guan and X.M. Lu. Delay-Dependent Exponential Stability of Neural Networks With Variable Delay: An LMI Approach [J], IEEE Transactions on Circuits and Systems Part II: Express Briefs, 2006, 53 (9): 837-842.

[13] B. Chentouf, J.M. Wang. Boundary feedback stabilization and Riesz basis property of a first order hyperbolic linear system with L^∞-coefficients [J], Journal of Differential Equations, 2009, 246: 1119-1138.

[14] S.H. Collins, M. Wisse and A. Ruina. A three-dimensional passive-

dynamic walking robot with two legs and knees [J], International Journal of Robotics Research, 2001, 20 (7): 607-615.

[15] R.F. Curtain, H. Zwart. An Introduction to Infinite-dimentional Linear Systems Theory [M]. New York: Springer-Verlag, 1995.

[16] R. Datko, J. Lagnese, and M.P. Polis. An example on the effect of time delays in boundary feedback stabilization of wave equations [J], SIAM Journal on Control and Optimization, 1986, 24: 152-156.

[17] W.H. Fleming. Future Directions in Control Theory [M]. Philadelphia: SIAM, 1988.

[18] Z.Q. Gao. Scaling and bandwith-parameterization based controller tuning [C], American Control Conference, 2003, 4989-4996.

[19] M. Garcia, A. Chatterjee, A. Ruina and M. Coleman. The simplest walking model: stability, complexity, and scaling [J], ASME Journal of Biomechanical Engineering, 1998, 120 (2): 281-288.

[20] K.Q. Gu, S.I. Niculescu. Survey on recent results in the stability and control of time-delay systems [J], Transaciton of the ASME: Journal of Dynamical Systems, Measurement and Control, 2003, 125: 158-165.

[21] M. Gugat. Boundary feedback stabilization by time delay for one-dimensional wave equations [J], IMA Journal of Mathematical

Control and Information, 2010, 27: 189 - 203.

[22] B.Z. Guo. Riesz basis approach to the stabilization of a flexible beam with a tip mass [J], SIAM Journal on Control and Optimization, 2001, 39: 1736-1747.

[23] B.Z. Guo. On the boundary control of a hybrid system with variable coefficients [J], Journal of Optimization Theory and Applications, 2002, 114 (2): 373-395.

[24] B.Z. Guo, J.M. Wang and G.D. Zhang. Spectral analysis of a wave equation with Kelvin-Voigt damping [J], Z. Angew. Math. Mech., 2010, 90: 323-342.

[25] B.Z. Guo, C.Z. Xu and H. Hammouri. Output feedback stabilization of a one-dimensional wave equation with an arbitrary time delay in boundary observation. ESAIM Control, Optimisation and Calculus of Variations, 2012, 18: 22-35.

[26] B.Z. Guo, K.Y. Yang. Output feedback stabilization of a one-dimensional Schröinger equation by boundary observation with time delay. IEEE Trans Automat Control, 2010, 55: 1226-232.

[27] B.Z. Guo, G.D. Zhang. On spectrum and Riesz basis property for one-dimensional wave equation with Boltzmann damping [J], ESAIM: Control, Optimization and Calculus of Variations, 2012, 18: 889-913.

[28] B.Z. Guo, Z.L. Zhao. On convergence of nonlinear tracking differentiator [J], International Journal of Control, 2011, 84: 693-701.

[29] B.Z. Guo, Z.L. Zhao. On the convergence of extended state observer for nonlinear systems with uncertainty [J], Systems & Control Letters, 2011, 60: 420-430.

[30] B.Z. Guo, Z.L. Zhao. On convergence of the nonlinear active disturbance rejection control for MIMO Systems [J], SIAM Journal on Control and Optimization, to appear.

[31] T. Hagen. Asymptotic solutions of characteristic equations [J], Nonlinear Analysis: Real World Applications, 2005, 6 (3): 429-446.

[32] J. Hale, L. Verduyn. Introduction to Functional Differential Equations [M]. New York: Springer-Verlag, 1993.

[33] J. Halleux, C. Prieur, J.M. Coron, B.D. Novel, and G. Bastin. Boundary feedback control in networks of open-channels [J], Automatica, 2003, 39: 1365-1376.

[34] J.Q. Han. From PID to active disturbance rejection control [J], IEEE Transactions on Industrial Electronics, 2009, 56: 900-906.

[35] H.Y. Hu. Using delay state feedback to stabilize periodic motions of an oscillator [J], Journal of Sound and Vibration, 2004, 275: 1009-1025.

[36] H.Y. Hu, Z.H. Wang. Stability analysis of damped SDOF systems with two time delays in state feedback [J], Journal of Sound and Vibration, 1998, 214: 213-225.

[37] H.Y. Hu, Z.H. Wang. Dynamics of Controlled Mechanical Systems with Feedback Time Delays [M]. Heidelberg: Springer, 2002.

[38] E.I. Jury. Inners and Stability of Dynamic Systems [M]. New York: John Wiley Sons, 1982.

[39] V.L. Kharitonoy, A.D.B. Paice. Robust stability of a class of neural networks with time delays [J], Journal of Dynamics and Differential Equations, 1997, 9: 67-91.

[40] M. Krstic. Delay Compensation for Nonlinear, Adaptivee, and PDE Systems [M]. Birkhauser, 2009.

[41] M. Krstic. Compensating a string PDE in the actuation or in sensing path of an unstable ODE [J], IEEE Transactions on Automatic Control, 2009, 54: 1362-1368.

[42] M. Krstic. Compensating actuator and sensor dynamics governed by diffusion PDEs [J], Systems & Control Letters, 2009, 58: 372-377.

[43] M. Krstic. Control of an unstable reaction-diffusion PDE with long input delay [J], Systems & Control Letters, 2009, 58: 773-782.

[44] M. Krstic, B.Z. Guo and A. Smyshlyaev. Boundary controllers and observers for the linearized Schrödinger equation [J], SIAM Journal on Control and Optimization, 2011, 49: 1479-1497.

[45] M. Krstic, A. Smyshlyaev. Backstepping boundary control for first order hyperbolic PDEs and application to systems with actuator and sensor delays [J], Systems & Control Letters, 2008, 57: 750-758.

[46] M. Krstic, A. Smyshlyaev. Boundary Control of PDEs: A Course on Backstepping Designs [M]. Philadelphia: SIAM, 2009.

[47] Y. Kuang. Delay Differential Equations: With Applications in Population Dynamics [M]. San Diego: Academic Press, 1993.

[48] W.H. Kwon, A.E. Pearson. Feedback stabilization of linear systems with delayed control [J], IEEE Transactions on Automatic Control, 1980, 25: 266-269.

[49] R.E. Langer. On the zeros of exponential sum and integrals [J], Bulletin of the American Mathematical Society, 1931, 7: 213-239.

[50] J.P. Lasalle. The Stability and Control of Discrete Processes [M]. New York: Springer-Verlag, 1986.

[51] V. Latora, M. Marchiori. Efficient Behavior of small-world Networks [J], Physical Review Letter, 2001, 87: 198701.

[52] V. Latora, M. Marchiori. Economic small-world behavior in weighted networks [J], European Physical Journal B, 2003, 32: 249-263.

[53] G. Leugering, J.G. Schmidt. On the modelling and stabilisation of ows in networks of open canals [J], SIAM Journal of Control and Optimization, 2002, 41: 164-180.

[54] C.G. Li, G.R. Chen. Stability of a neural network model with small-world connections [J], Physical Review E, 2003, 68: 052901.

[55] C.G. Li, G.R. Chen. Local stability and Hopf bifurcation in small-world delayed networks [J], Chaos, Solitons and Fractals, 2004, 20: 353-361.

[56] C.C. Lin, R.C. Chen, T.L. Li. Experiment determination of the hydrodynamic coefficients of an underwater manipulator [J], Journal of Robotic Systems, 1999, 16 (6): 329-338.

[57] J.L. Lions. Optimal Control of Systems Governed by Partial Differential Equations [M]. New York: Springer-Verlag, 1972.

[58] J.L. Lions. Exact controllability, stabilization and perturbations for distributed systems [J], SIAM Review, 1988, 30: 1 – 68.

[59] X. Litrico, V. Formion. Frequency modeling of open-channel flow [J], Journal of Hydraulic Engineering, 2004, 130 (8): 806-815.

[60] X. Litrico, V. Formion. Boundary control of hyperbolic conservation laws using a frequency domain approach [J], Automatica, 2009, 45: 647-656.

[61] X. Litrico, V. Formion, J.P. Baume, C. Arranja and M. Rijo. Experimental validation of a methodology to control irrigation canals based on Saint-Venant equations [J], Control engineering practice, 2005, 13: 1425-1437.

[62] B. Liu, H.Y. Hu. Stabilization of linear undamped systems via position and delayed position feedbacks [J], Journal of Sound and Vibration, 2008, 312: 509-528.

[63] Z.H. Luo, B.Z. Guo and O. Morgul. Stability and Stabilization of Infinite Dimensional Systems with Applications [M]. London: Springer-Verlag, 1999.

[64] A.Z. Manitius, A.W. Olbrot. Finite spectrum assignment for systems with delays [J], IEEE Transactions on Automatic Control, 1979, 24: 541-553.

[65] C.M. Marcus, R.M. Westervelt. Stability of analog neural networks with delay [J], Physical Review A, 1989, 39: 347-359.

[66] K. Mccann, A. Hastings and G.R. Huxel. Weak tropic interactions and the balance of nature [J], Nature, 1998, 395: 794-798.

[67] W. Michiels, S.I. Niculescu. Stability and Stabilization of Time-

delay Systems: An Eigenvalue-Based Approach [M]. SIAM, 2007.

[68] S.I. Niculescu. Delay Effects on Stability: A Robust Control Approach [M]. London: Springer, 2001.

[69] M.R. Opmeer. Nuclearity of Hankel operators for ultradifferentiable control systems [J], Systems & Control Letters, 2008, 57: 913-918.

[70] A. Pazy. Semigroup of Linear Operators and Applications to Partial Differential Equations [M]. New York: Springer-Verlag, 1983.

[71] G.A. Plois. Stability Is Woven by Complex Webs [J], Nature, 1998, 395: 744-745.

[72] B. Ren, J.M. Wang and M. Krstic. Stabilization of an ODE-Schrodinger cascade [J], Systems & Control Letters, to appear.

[73] J.P. Richard. Time-delay systems: an overview of some recent advances and open problems [J], Automatica, 2003, 39 (10): 1667-1694.

[74] D.L. Russell. On boundary-value controllability of linear symmetric hyperbolic systems [M], in: "Mathematical Theory of Control", Academic Press, New York, 1967, 312-321.

[75] D.L. Russell. Boundary value control theory of the higher-dimensional wave equation [J], SIAM Journal on Control, 1971,

9 (3): 401 – 419.

[76] D.L. Russell. A unified boundary controllability theory for hyperbolic and parabolic partial differential equations [J], Studies in Applied Mathematics, 1973, 52: 189 – 211.

[77] D.L. Russell. Exact boundary value controllability theorems for wave and heat processes in starcomplemented regions [R], Differential Games and Control Theory, Lecture Notes in Pure Appl. Math., Marcel Dekker, New York, 1974, 10: 291 – 319.

[78] D.L. Russell. A general theory of observation and control [J], SIAM Journal on Control and Optimization, 1977, 5: 185 – 220.

[79] D.L. Russell. Conntrollability and stabilizability theory for linear partial differential equations: recent progress and open questions [J], SIAM Review, 1978, 20: 639 – 739.

[80] A.A. Shkalikov. Boundary value problems for ordinary differential equations with a parameter in the boundary conditions [J], Journal of Mathematical Sciences, 1986, 33: 1311-1342.

[81] R. Sipahi, S.I. Niculescu, C.T. Abdallah, W. Michiels and K.Q. Gu. Stability and stabilization of systems with time delay: limitations and opportunities [J], IEEE Control Systems, 2011, 31 (1): 38-65.

[82] A. Smyshlyaev, B.Z. Guo and M. Krstic. Arbitrary decay rate

for Euler-Bernoulli beam by backstepping boundary feedback [J], IEEE Transactions on Automatic Control, 2009, 54: 1134 – 1140.

[83] E.D. Sontag. Mathematical Control Theory, Deterministic Finite Dimensional Systems [M]. New York: Springer-Verlag, 1990.

[84] G. Stépán. μ–chaos in digitally controlled mechanical systems[C], In Nonlinearity and Chaos in Engineering Dynamics, (Edited by J.M.T. Thompson and S.R. Bishop), pp. 143-154, John Wiley & Sons, New York, 1994.

[85] B. Sun, W.G. Ge, D.X. Zhao. Three positive solutions for multi-point one-dimensional p-Laplacian boundary value problems with dependence on the first order derivative, Mathematical And Computer Modelling [J], 2007, 45: 1170-1178.

[86] I.H. Suh, Z. Bien. Proportional minus delay controller [J], IEEE Transactions on Automatic Control, 1979, 24 (2): 370-372.

[87] I.H. Suh, Z. Bien. Use of time-delay actions in the controller design [J], IEEE Transactions on Automatic Control, 1980, 25 (3): 600-603.

[88] G.A. Susto, M. Krstic. Control of PDE-ODE cascades with Neumann interconnections [J], Journal of the Franklin Institute, 2010, 347: 284-314.

[89] S.X. Tang, C.K. Xie. State and output feedback boundary control

for a coupled PDE-ODE system [J], Systems & Control Letters, 2011, 60: 540-545.

[90] K.Y. Toumi, O. Ito. A time delay controller for systems with unknown dynamics [J], ASME Journal of Dynamic Systems, Measurement and Control, 1990, 112, 133-142.

[91] H.S. Tsien. Engineering Cybernetics [M]. McGraw-Hill Book Company, 1954.

[92] J.M. Wang, B.Z. Guo and M.Y. Fu. Dynamic behavior of a heat equation with memory [J], Mathematical Methods in the Applied Sciences, 2009, 32 (10): 1287-1310.

[93] J.M. Wang, B.Z. Guo and M. Krstic. Wave equation stabilization by delays equal to even multiples of the wave propagation time [J], SIAM Journal on Control and Optimization, 2011, 49 (2): 517-554.

[94] J.M. Wang, B.B. Ren and M. Krstic. Stabilization and Gevrey regularity of a Schrödinger equation in boundary feedback with a heat equation [J], IEEE Transactions on Automatic Control, 2012, 57 (1): 179-185.

[95] P.K.C. Wang. Control of distributed parameter systems, in: "Advances in Control Systems" [M]. New York: Academic Press, 1964, 1: 75-172.

[96] Z.H. Wang, H.Y. Hu. Delay-independent stability of retarded dy-

namic systems of multiple degrees of freedom [J], Journal of Sound and Vibration, 1999, 226: 57-81.

[97] Z.H. Wang, H.Y. Hu. Stability switches of time-delayed dynamic systems with unknown parameters [J], Journal of Sound and Vibration, 2000, 233 (2): 215-233.

[98] Z.H. Wang, H.Y. Hu. Stabilization of vibration systems via delayed state difference feedback [J], Journal of Sound and Vibration, 2006, 296: 117-129.

[99] D.J. Watts, S.H. Strogatz. Collective dynamics of small-world networks [J], Nature, 1998, 393: 440-442.

[100] G.Q. Xu, B.Z. Guo. Riesz basis property of evolution equations in Hilbert spaces and application to a coupled string equation [J], SIAM Journal on Control and Optimization, 2003, 42 (3): 966-984.

[101] G.Q. Xu, S.P. Yung and L.K. Li. Stabilization of wave systems with input delay in the boundary control [J]. ESAIM Control, Optimisation and Calculus of Variations, 2006, 12 (4): 770 - 785.

[102] X. Xu. Complicated dynamics of a ring neural network with time delays [J], Journal of Physics A: Mathematical and Theoretical, 2008, 41: 035102.

[103] X. Xu, H.Y. Hu and H.L. Wang. Dynamics of a two dimensional delayed small-world network under delayed feedback control [J],

International Journal of Bifurcation and Chaos, 2006, 16: 3257-3273.

[104] X. Xu, Z.H. Wang. Effects of small world connection on the dynamics of a delayed ring network [J], Nonlinear Dynamics, 2009, 56: 127-144.

[105] X.H. Yang. Fractals in small-world networks with time-delay [J], Chaos, Solitons and Fractals, 2002, 13: 215-219.

[106] J. Zabczyk. Mathematical Control Theory: An introduction [M]. Birkhauser, 1992.

[107] Q. Zhang, J.M. Wang and B.Z. Guo. Stabilization of the Euler – Bernoulli equation via boundary connection with heat equation [J], Mathematics of Control, Signals, and Systems, 2013, to appear.

[108] X. Zhang, E. Zuazua. Polynomial decay and control of a 1-d model for fluid-structure interaction [J], C.R. Acad.Sci.Paris Ser. I 2003, 336: 745-750.

[109] X. Zhang, E. Zuazua. Control, observation and polynomial decay for a coupled heat-wave system [J], C.R. Acad.Sci.Paris Ser. I 2003, 336: 823-828.

[110] X. Zhang, E. Zuazua. Polynomial decay and control of a 1-d hyperbolic-parabolic coupled system [J], Journal of Differential E-

quations, 2004, 204: 380-438.

[111] D.X. Zhao, J.M. Wang. Exponential stability and spectral analy-
sis of the inverted pendulum system under two delayed position
feedbacks [J], Journal of Dynamical and Control Systems, 2012,
18(2): 269-295.

[112] D.X. Zhao, J.M. Wang. Exponential stability and spectral analysis
of a delayed ring neural network with a small-world connection [J],
Nonlinear Dynamics, 2012, 68: 77-93.

[113] D.X. Zhao, J.M. Wang. Stabilization of the pendulum system by
coupling with a heat equation, Journal of Vibration and Control
[J], 2014, 20: 2443-2449.

[114] D.X. Zhao, J.M. Wang. Spectral analysis and stabilization of a
coupled wave-ODE system, Journal of Systems Science and Com-
plexity [J], 2014, 27: 463-475.

[115] J.M. Wang, X.W. Lv, D.X. Zhao. Exponential stability and spec-
tral analysis of the pendulum system under position and delayed
position feedbacks, International Journal of Control [J], 2011,
84(5): 904-915.

[116] D.X. Zhao, J.M. Wang. Stability of a delayed ring neural network
with one small-world connection, The 23th Chinese Control and
Decision Conference, 325-330.

[117] D.X. Zhao, J.M. Wang. Exponential stability of a coupled heat-ODE System，The 25th Chinese Control and Decision Conference, 169-172.

[118] D.X. Zhao, J.M. Wang. On the stabilization of an irrigation channel with a cascade of 2 pools: A linearized case, The 9th Asian Control Conference, ID-352, Istanbul (Turkey).

[119] D.X. Zhao, H.Z. Wang, W.G. Ge. Existence of triple positive solutions to a class of p-Laplacian boundary value problems, Journal of mathematical analysis and Application [J], 2007, 328: 972 - 983.

[120] Q.C. Zhong. Robust Control of Time-delay Systems [M]. New York: Springer-Verlag, 2006.

[121] Z.C. Zhou, S.X. Tang. Boundary stabilization of a coupled wave-ODE system with internal anti-damping [J], International Journal of Control, 2012, 85: 1683-1693.

[122] 岑丽辉. 明渠引排水系统的控制与优化 [D]. 上海: 上海交通大学, 2009.

[123] 郭宝珠. 分布参数系统控制: 问题, 方法和进展 [J], 系统科学与数学, 2012, 32 (12): 1-16.

[124] 郭宝珠, 柴树根. 无穷维线性系统控制理论 [M]. 北京: 科学出版社, 2012.

[125] 郭雷等. 控制理论导论–从基本概念到研究前沿 [M]. 北京: 科学出版社, 2005.

[126] 韩京清. 自抗扰控制技术－估计补偿不确定因素的控制技术 [M]. 北京: 国防工业出版社, 2008.

[127] 黄伟, 夏智勋. 美国高超声速飞行器技术研究进展及其启示 [J], 国防科技, 2011, 3: 17-25.

[128] 廖晓昕. 稳定性的数学理论和应用 [M]. 武汉: 华中师范大学出版社, 1998.

[129] 秦元勋, 刘永清, 王联等. 带有时滞的动力系统的运动稳定性 [M]. 北京: 科学出版社, 1989.

[130] 邱吉宝, 张正平, 李海波. 航天器与运载火箭耦合分析相关技术研究进展 [J], 力学进展, 2012, 42 (4): 416-436.

[131] 沈轶, 廖晓昕. Hopfield 型时滞神经网络的指数稳定性 [J], 数学物理学报, 1999, 19 (2): 211-218.

[132] 孙健, 陈杰, 刘国平. 时滞系统稳定性分析与应用 [M]. 北京: 科学出版社, 2012.

[133] 孙炯, 王忠. 线性算子的谱分析 [M]. 北京: 科学出版社, 2005.

[134] 孙顺华. 线性定态分布参数与集中参数耦合系统的稳定性 [J], 四川大学学报, 1982, 2: 1-9.

[135] 王康宁. 分布参数控制系统 [M]. 北京: 科学出版社, 1986.

[136] 王康宁, 关肇直. 弹性振动的镇定问题 [J], 中国科学, 1974, 4: 335-350.

[137] 王在华, 胡海岩. 时滞动力系统的稳定性与分叉: 从理论走向应用 [J], 力学进展, 2013, 43 (1): 3-20.

[138] 熊友伦等. 机器人学 [M]. 北京: 机械工业出版社, 1993.

[139] 徐鉴, 裴利军. 时滞系统动力学近期研究进展与展望 [J], 力学进展, 2006, 36 (1): 17-30.

[140] 徐旭, 张洁, 梁艳春. 小世界联接对神经网络稳定性的影响 [J], 吉林大学学报 (理学版), 2008, 46 (5): 873-876.

[141] 杨旦旦. 微重力液体晃动及充液柔性航天器姿态动力学与控制研究 [D]. 北京: 北京理工大学, 2012.

[142] 张恭庆, 林源渠. 泛函分析讲义(上下册) [M]. 北京: 北京大学出版社, 1987.

[143] 赵东霞, 王宏洲. 含导数项的奇异二阶周期边值问题的正解, 中北大学学报(自然科学版), 2008, 29(4): 291-296.

[144] 赵东霞, 王宏洲. 一类p-Laplacian多点边值问题单调迭代正解的存在性, 山东大学学报(理学版), 2009, 44(5): 81-85.

[145] 赵东霞, 王宏洲, 王军民. 一类奇异梁方程三个正解的存在性, 工程数

学学报, 2011,28(5): 681-685.

[146] 赵东霞, 王宏洲, 王军民, 赵俊芳. 一类含隅角和弯矩的奇异梁方程三个正解的存在性, 应用数学学报, 2011, 34(5): 813-821.

[147] 周海仑, 陈果. 航空发动机双转子-滚动轴承-机匣耦合系统动力学分析 [J], 航空动力学报, 2009, 24 (6): 1284-1291.